Karlheinz Büttner
Harald Rockstuhl und Bernd Siedentopf

Die Mühlen der Wartburgstadt Eisenach

Verlag Rockstuhl

Ist ein Fluss genannt die Nesse
Da stand eine Schmiede-Esse
Man tät da viel Eisen machen
Ward geholt auf Wagen und Nachen
Da ward von den Eisen mach
Die Stadt genennet Eisenach.
Zeitgenössisches Gedicht, Quelle unbekannt

Impressum

Umschlaggestaltung: Harald Rockstuhl

Titelbilder: Harseimsche Mühle um 1900; Neukirchener Bockwindmühle; Untermühle in Klein-Venedig um 1900; Hof der Neuen Mühle nach 1939; Stedtfelder Mühle; Neuenhofer Mühle um 1936

Mit freundlicher Unterstützung der Familie Büttner

1. Auflage 2023[b]

ISBN 978-3-95966-686-2

Scann und Bearbeitung: Harald Rockstuhl
Mit einer [1] gekennzeichnete Bilder wurden von Harald Rockstuhl bearbeitet und koloriert.

Bilder aus der Sammlung von Karlheinz Büttner, weitere Quellen wurden am Bild gekennzeichnet

Druck und Bindearbeiten erfolgen in Deutschland

Gedruckt auf alterungsbeständigem Papier nach ISO 9706

Die Deutsche Nationalbibliothek verzeichnet diese Publikation in der Deutschen Nationalbibliografie. Detaillierte bibliografische Daten sind im Internet über *http://dnb.d-nb.de* abrufbar.

Verlag Rockstuhl
www.verlag-rockstuhl.de

Inhaber: Harald Rockstuhl
Mitglied des Börsenvereins des Deutschen Buchhandels e.V.
Lange Brüdergasse 12 in D-99947 Bad Langensalza/Thüringen
Telefon: 03603 / 81 22 46   Telefax: 03603 / 81 22 47
www.verlag-rockstuhl.de

Inhaltsverzeichnis

Hier im Buch beschriebene Mühlen in den heute eingemeindeten Dörfern und einige Bachzuläufe in Hörsel und Nesse.
Grafik Harald Rockstuhl

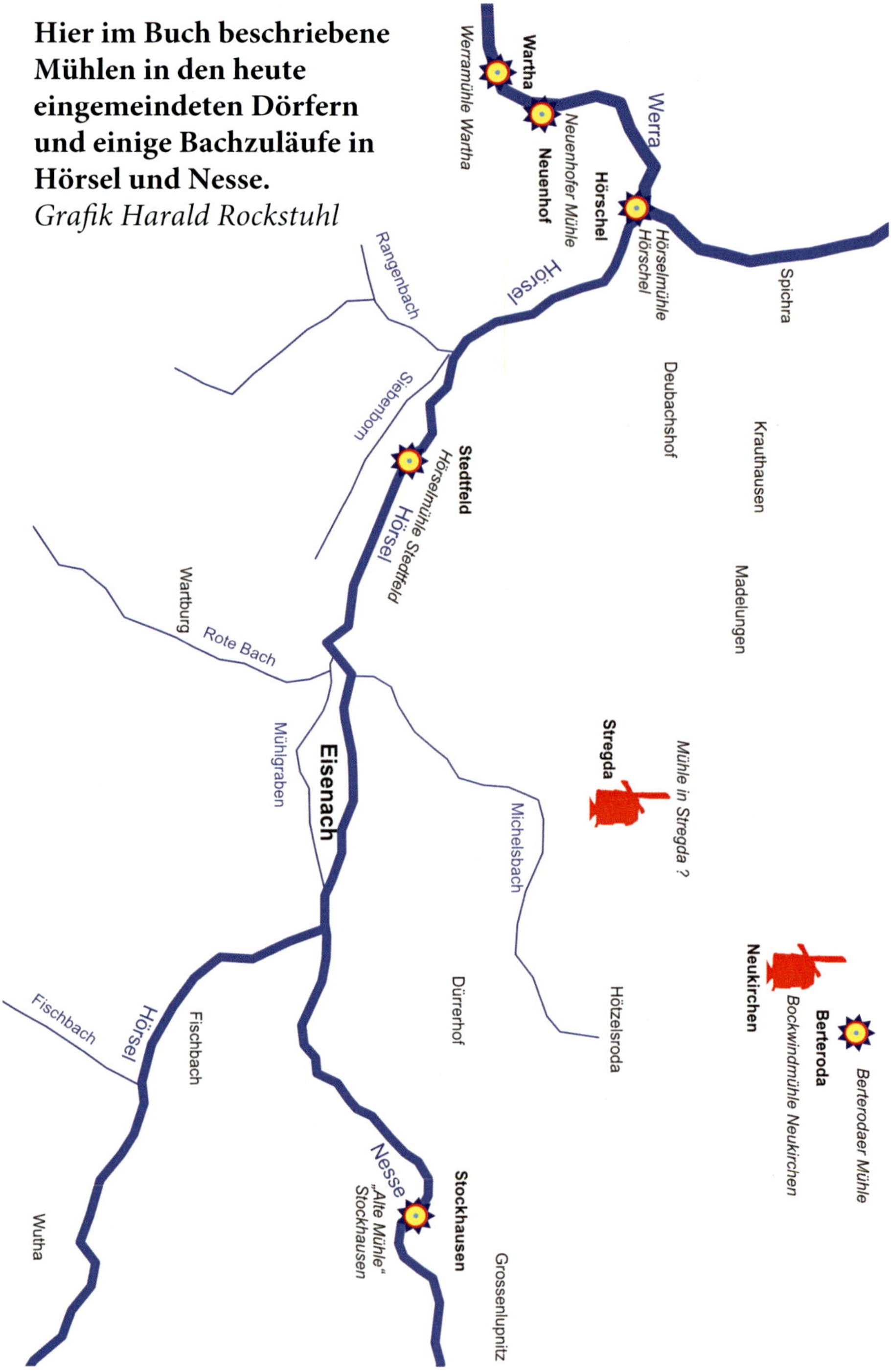

Einleitung

Im ersten Jahrhundert vor unserer Zeitrechnung begann sich mit der Wassermühle in Europa eine Technologie zu verbreiten, die fast 2000 Jahre genutzt wurde und wird. Richten wir einen entsprechenden historischen Blick nach Eisenach, Langensalza und Mühlhausen (Mühle als Namengeber). Hier wurden Wassermühlen und ihre Mühlenströme in die Stadtentwicklung integriert.

Dazu die Nutzbarmachung der Wasserläufe, wie hier die Nesse, von der Quelle bis zur Mündung.

Bernd Siedentopf schuf im Jahr 2017 das Buch *„Die Mühlen im Unteren Nessetal"*. Karlheinz Büttner wollte mit *„Die Mühlen der Wartburgstadt Eisenach"* daran anknüpfen. Entsprechend arbeiteten beide Autoren zusammen.

Von den wenigsten Eisenacher Mühlen sind heute noch Spuren erhalten. Gerade deswegen war von Karlheinz Büttner eine große Fleißarbeit nötig, um hunderte von Dokumenten zu analysieren, transkrepiert und zu bewerten. Er sammelte Bilder und sprach mit Zeitzeugen. Das Stadtarchiv Eisenach war für Ihn ein großer Fundus, nur möglich mittels der großen Unterstützung hier. Zu einer Vollendung sollte es nicht kommen. Durch den plötzlichen Tod von Karlheinz Büttner blieb seine Arbeit unvollendet.

Autor Karlheinz Büttner und Verleger Harald Rockstuhl am 24. März 2007 bei der Premiere des Buches „Zeitreise ins Wartburgland 1938–1942" in Eisenach. Foto: Annekathrin Rockstuhl

Bernd Siedentopf schlug der Familie Büttner vor, das Lebenswerk zu vollenden, was auf großes Wohlwollen traf. Gleichzeitig holte Bernd Siedentopf Verleger Harald Rockstuhl mit ins Boot, welcher bereits 2007 Karlheinz Büttners Buch *„Zeitreise ins Wartburgland 1938–1942"* herausgebracht hatte.

Bernd Siedentopf besuchte daraufhin ebenfalls Zeitzeugen, fand weitere historische Aufnahmen und machte aktuelle Fotos. Dabei konnten seine Arbeiten am Buch „Geschichte-Eisenach-Tor zur Stadt" genutzt werden.

Harald Rockstuhl (l.) und Bernd Siedentopf (r.) am 20. September 2020 bei Berka vor dem Hainich während der Arbeit am Buch „Geschichte des Kindel".

Karlheinz Büttner nennt im Kapitel „Zum Geleit" seine Unterstützer:innen.

Um das Buchprojekt endgültig fertigzustellen, halfen uns Manfred Beck, Manfred Kaiser, Alfred Kirsten, Heiko Kleinschmidt, Steffen Klemm, Lutz Harseim, Walter Mähler, Otto Münch, Bernd Stichling und Heinz Wagner. Ihnen gilt unser Dank.

Eisenach im Juni 2023 *Harald Rockstuhl und Bernd Siedentopf*

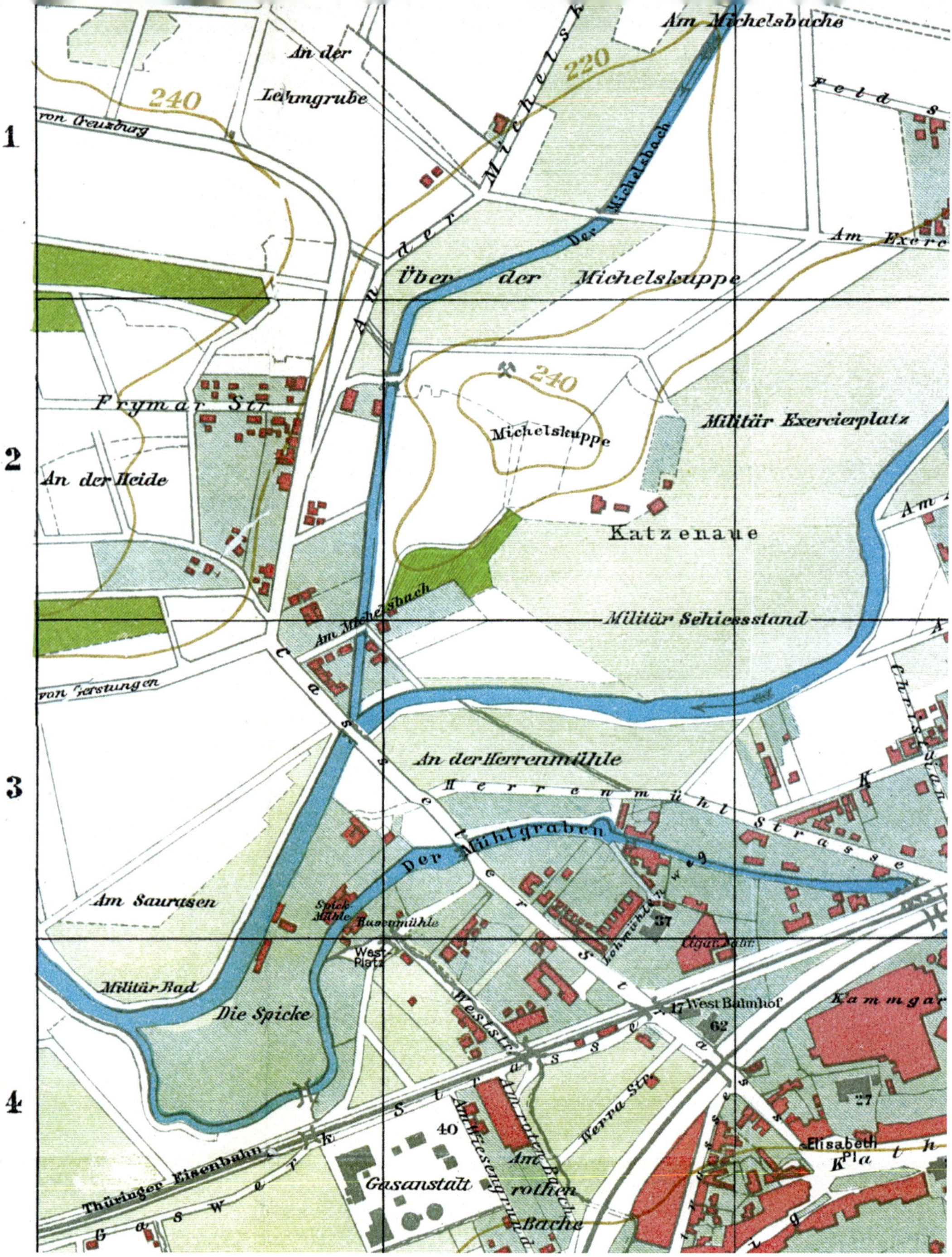

Plan der Stadt Eisenach und ihrer nächsten Umgebung, 1908.
Verlag und Hofdruckerei H. Kahle, Eisenach.

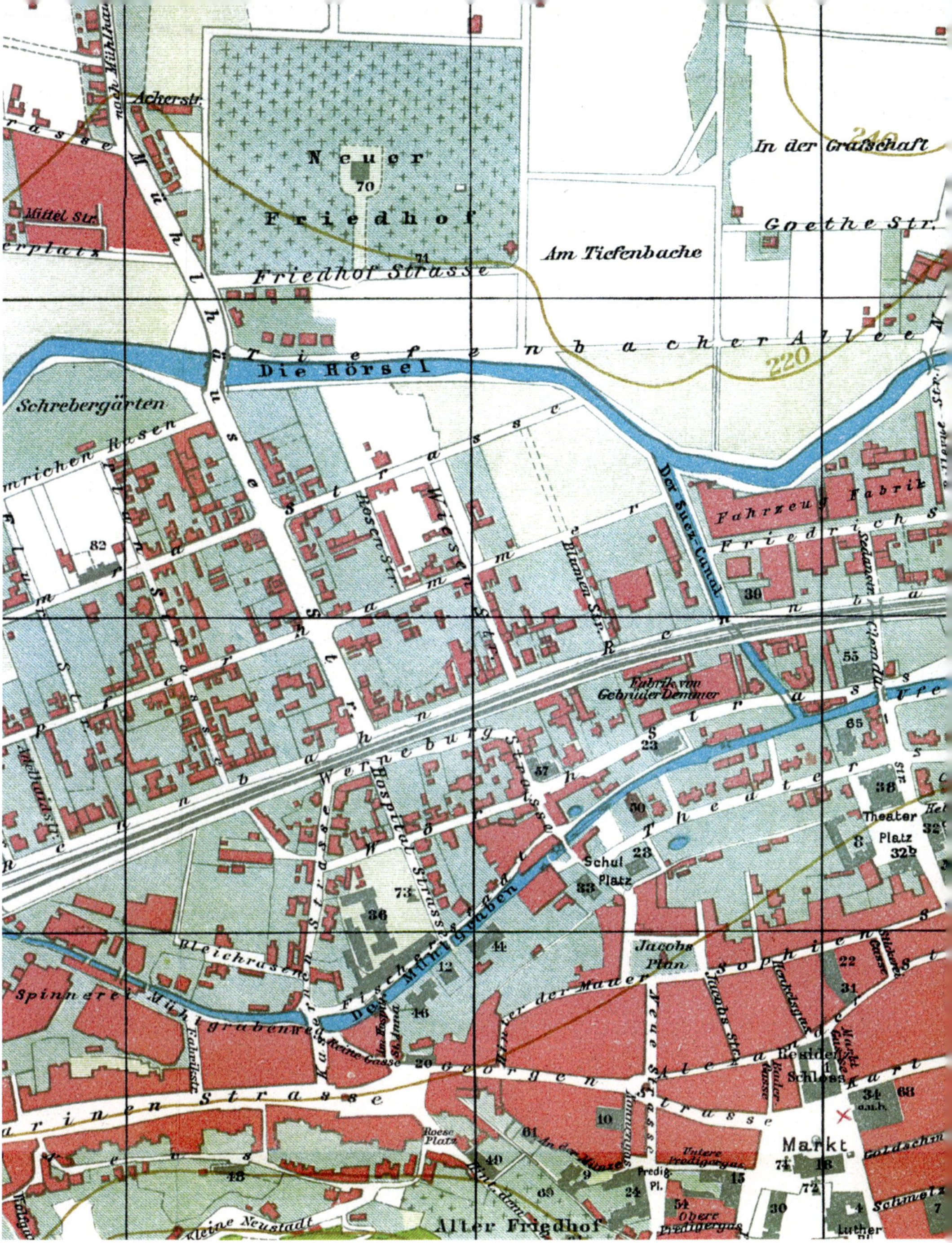

Der Plan zeigt den Verlauf der Hörsel und des Mühlgrabens sowie des „Suez-Canal“ als Verbindung zwischen Mühlgraben und Hörsel.

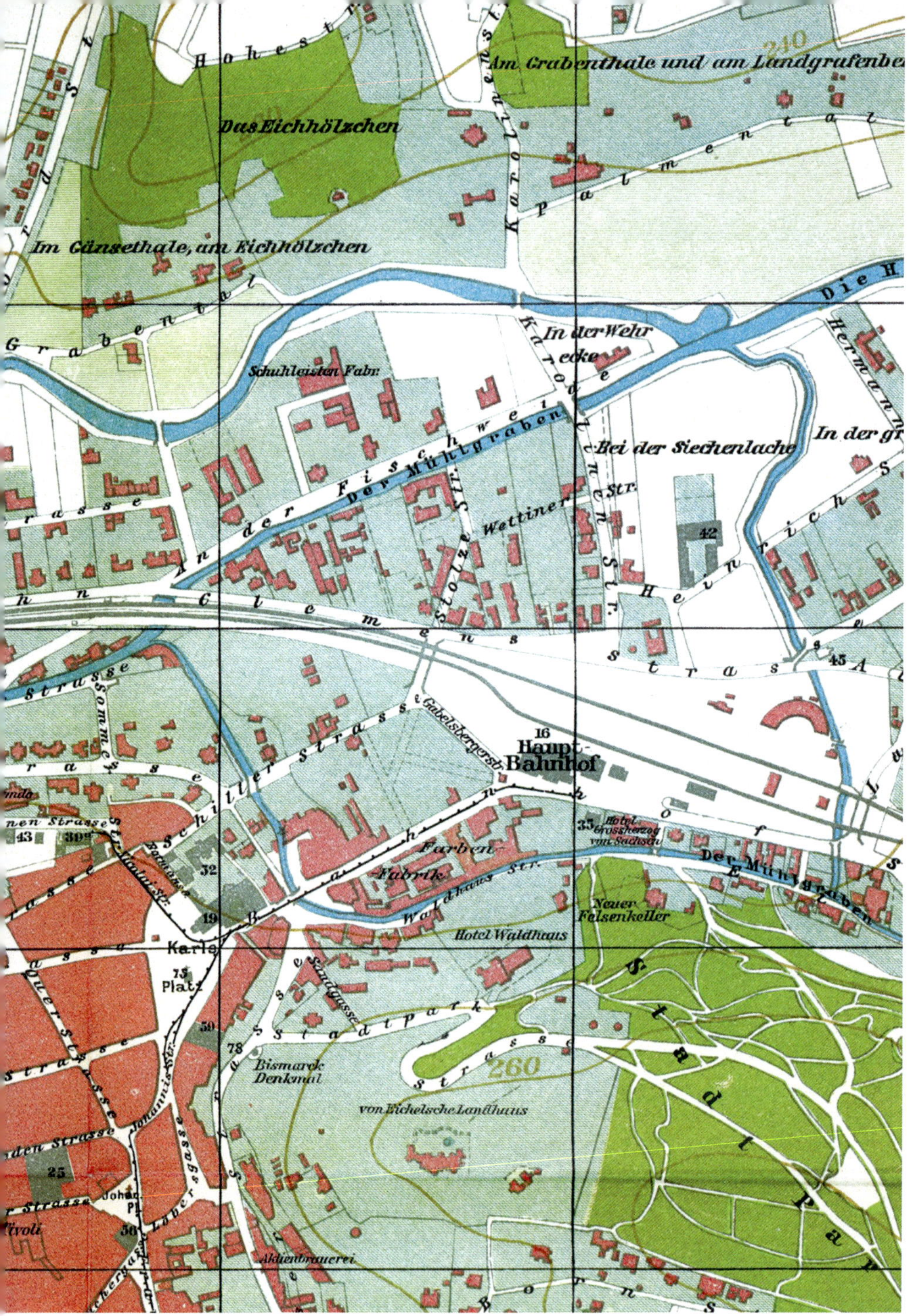

Plan der Stadt Eisenach und ihrer nächsten Umgebung 1908 (Auszug).
Der Plan zeigt den unteren Mühlgraben an der Waldhaus Straße und Klein-Venedig.

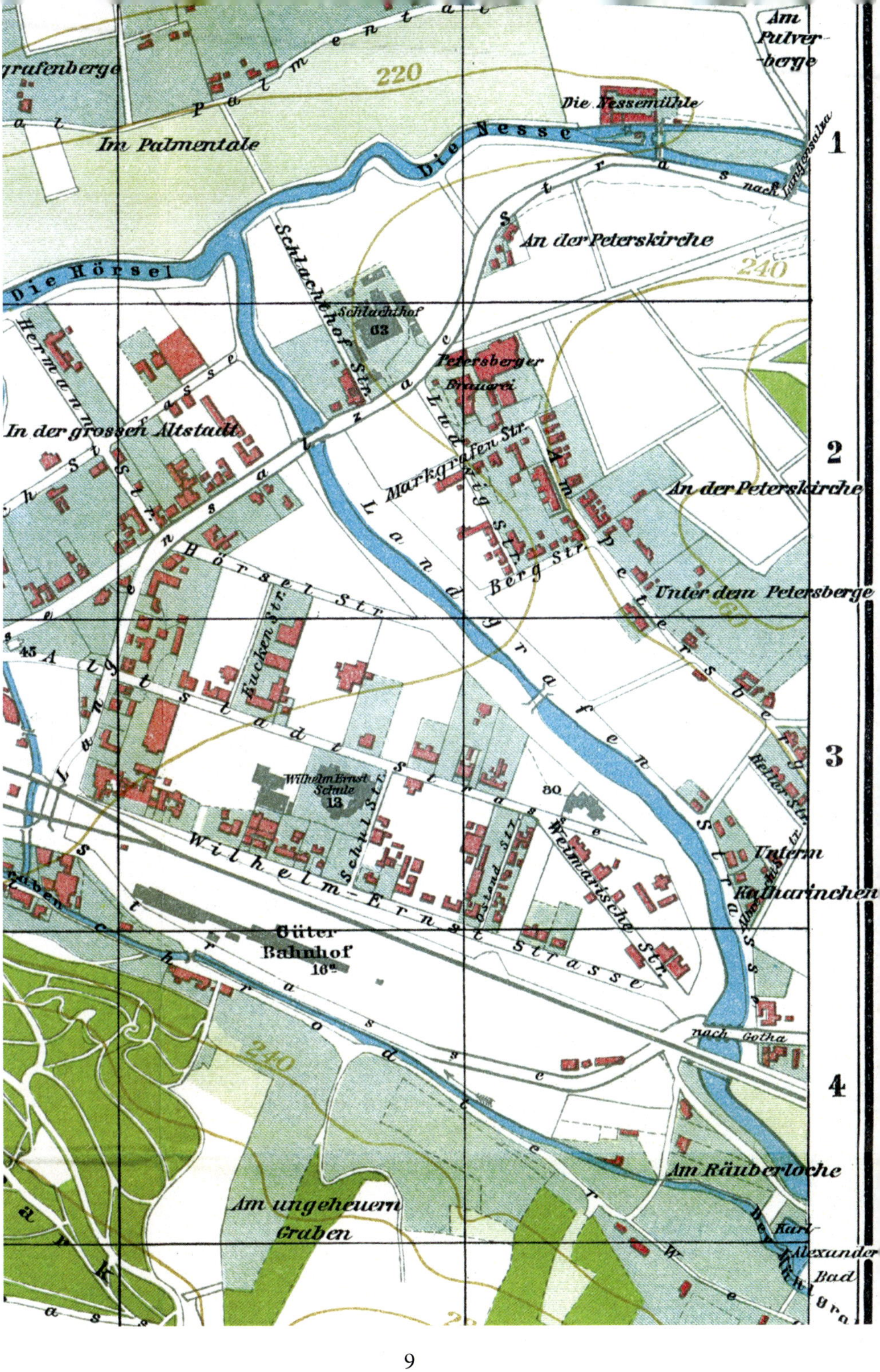
Am Pulver-berge
Im Palmentale
220
Die Nessemühle
Die Nesse
nach Langensalza
1
An der Peterskirche
240
Die Hörsel
Schlachthof Str.
Schlachthof
63
Petersberger Brauerei
Hermann Str.
In der grossen Altstadt
Markgrafen Str.
Ludwig Str.
2
An der Peterskirche
Berg Str.
Unter dem Petersberge
Hörsel Str.
Eucken Str.
Landgrafen Str.
3
Wilhelm Ernst Schule
13
Schul Str.
Ostend Str.
80
Weimarische Str.
Heller Str.
Unterm Katharinchen
Wilhelm-Ernst Strasse
Güter Bahnhof
16
nach Gotha
240
4
Am Räuberloche
Am ungeheuern Graben
Karl-Alexander Bad

An der Ausfallstraße in Richtung Osten vor dem Nikolaitor, heute Bahnhofstraße, befand sich die Brücke, die den Hörselmühlgraben überquerte, bevor er an den Häuschen von Klein-Venedig vorbei floss. Tonlithografie von A. Träger, um 1870.

Zum Geleit

Es gab zu allen Zeiten viel zu mahlen. Getreide, Gips, Kaffee, Kalk, Knochen, Sand, Lohe für die Gerberei, Steinkugeln (Märbel), Öl, Lumpen (für die Papierherstellung), Pfeffer, Senf sowie vielerlei Chemikalien und andere Rohstoffe für verschiedenste Technologien und metallurgische Verfahren.

Mühlen wurden als Schneid- und Sägemühlen für die Herstellung von Balken und Brettern genutzt, zum Schleifen von Glas, zum Spinnen verschiedenster Gewebe sowie zum Walken derselben, um nur einige Einsatzgebiete von Mühlen zu nennen.

Die hauptsächliche Tätigkeit der Müller war jedoch das Mahlen von Getreide. Als im Laufe der Geschichte der ursprünglich hergestellte Getreidebrei mit dem Feuer in Kontakt kam, entstand das Backwerk Brot, das nun in vielen Variationen auf den Tischen der Menschen auftauchte. Es entwickelte sich rasch zu einem Hauptnahrungsmittel, das in keinem Haus fehlen dufte. Das führte zur Entstehung eines weiteren Berufes, des Bäckers, der nun die Weiterverarbeitung des Mehles übernahm. Er war von nun an eng mit dem Müller verbunden; allerdings galt sein Beruf als „ehrlich“, auch wenn hier und da daran gezweifelt wurde.

Deshalb richtet sich der Titel unserer Publikation hauptsächlich auf die Herstellung von Mehl als den Grundstoff zur Herstellung des Backwerkes „Brot“, das in Martin Luthers „Vaterunser“ als Synonym für den oftmals in der Vergangenheit angestrebten, aber fast nie erreichten Zustand der ausreichenden Ernährung benutzt wurde.

Auch in der Stadt Eisenach gab es Mühlen verschiedener Größe und Profession. Da stand die kleine Mühle mit nur einem Wasserrad neben der Industriemühle, die, von Turbinen angetrieben, bereits viele Arbeitsgänge ausführen konnte. Am schwierigsten jedoch waren und sind Aufgaben der Zwickmühle zu bewältigen, der Inkarnation des Dilemmas, die ihren Ursprung wohl in einem Brettspiel hat und in unserem Untersuchungsgebiet zwar nicht genau zu verorten ist, denn sie kann überall ihre Spuren hinterlassen. Sie siedelte sich hauptsächlich in der Nähe der langwierigen Verfahren der juristischen und bürokratischen Mahlprozesse an, deren Aufarbeitung oft durch Verjährung verhindert wird. Das Personal, das diesem Übel Abhilfe schaffen könnte, sind die vielen Menschen des Namens Miller/Möller/Müller und deren Erweiterungen, heute wegen Überstrapazierung dieser Namen durch viele andere erweitert, denn Müller ist der häufigste Familienname im deutschen Sprachraum. Allein in Deutschland gibt es dazu mehr als 320.000 Einträge im Telefonbuch (1,5 %) (Zahl von 1996). Dazu kommen noch rund 40.000 Einträge der Variante wie Möller oder Miller sowie Verkopplungen mit spezifischen Tätigkeiten (Braumüller/Silchmüller o. ä.).

Der Name Müller geht auf den Beruf des Müllers (mittellateinisch *molinarius*) zurück, den der erste Namensträger ausübte. In fast jedem Dorf gab es im Mittelalter mindestens eine Mühle, wurde sie nun mit Windkraft, mit Wasserkraft oder durch Zugtiere angetrieben. Daher findet sich der Name Müller auch überall im deutschsprachigen Raum.

Glücklicherweise konnte durch den überschaubaren Rahmen des Eisenacher Mühlenbüchleins die Anzahl der Deliquenten begrenzt werden. Der Vollständigkeit halber habe ich auch die inzwischen eingemeindeten Orte auf ihre Mühlengeschichte hin untersucht, wohl wissend, dass sich die Miller/Möller/Müller längst inkognito und nur durch ihre berufliche Tätigkeit unterscheidbar, unter dem Volke verbergen.
Um dieser Aufgabe auch nur annähernd gerecht werden zu können, musste ich mir sachkundige Hilfe suchen. Deshalb danke ich für ihre freundliche Hilfe beim Zustandekommen des vorliegenden Bändchens der Wartburg-Stiftung Eisenach; Frau Ilse Altenbrunn, Wartha; Herrn Bernd Stichling, Stockhausen; Herrn Manfred Kaiser, Hörschel; Herrn Bernd Siedentopf, Wenigenlupnitz; Herrn Otto Münch und Herrn Lothar Kappherr †, Stedtfeld sowie Herrn Manfred Beck, aus Wutha-Farnroda.
Dem Stadtarchiv Eisenach danke ich für die Bereitstellung umfangreicher Archivalien, dem Hauptstaatsarchiv in Weimar für Nachforschungen über Mühlenstandorte sowie dem Landeskirchlichen Archiv der Evangelisch-Lutherischen Kirche in Thüringen für Recherchen zu Eisenacher Bürgern.
Trotzdem muss die Geschichte der Eisenacher Müllerei Fragment bleiben, da vieles wohl für immer verloren ist; ausschließen wollen wir nicht, dass noch auftauchendes Material weitere Lücken füllen kann.

Prospect des Schlosses Wartburg. Tuschzeichnung von Friedrich Adolph Hoffmann, um 1750. Das Gebäude, hier in der Bildmitte, wurde als „alte steinerne Capelle, worinne jetzo Handmühlen", bezeichnet, war jedoch nie eine solche. Über dem Eingang war einst das romanische Tympanon vom Ritter verschlingenden Drachen angebracht, das aber seinen Platz des Öfteren gewechselt hat.
Wartburg-Stiftung Eisenach, Inv. Nr. G0227.

Kurze Mühlengeschichte

Die Natur und ihrer Launen ausgeliefert, hatten sie weder das Feierabend- noch das Feiertagsgebot zu fürchten. Lag die Mühle jedoch in der Nähe der Kirche, so hatte diese während des Sonntagsgottesdienstes „die Klappe zu halten". Hatte der Müller die Absicht, eine „ehrbare Dirne" zu heiraten, war ihm das verwehrt, ebenso wie das Ausüben eines Ehrenamtes in der Gemeinde. Einem anderen Ehrlosen durfte er jedoch zur Hand gehen; dem Henker.

Als 1668 der Eisenacher Galgen so schadhaft geworden war, dass er keinen Delinguenten mehr mit Sicherheit ins Jenseits befördern konnte, schritt man ernst und feierlich ans Werk. 16 Eisenacher Zimmerleute und 18 Müller sowie 10 Zimmerleute und 16 Müller aus der Umgebung wurden aufgeboten, um im Wald eine Eiche zu schlagen, die die Funktion eines Galgenholzes erfüllen konnte. Sie wurde auf dem Galgenberg niedergelegt. Am nächsten Tag traf man sich vor dem fürstlichen Amt, um nun in feierlicher Prozession zum Galgenberg zu ziehen. Den Zug führte der Amtsschreiber an, dann folgten hoch zu Ross die beiden Bürgermeister. Ihnen schlossen sich der Kapitän Christian Heerwart, zwei Trommler und ein Querpfeifer sowie 36 Musketiere an; das Ende der Prozession bildeten die Zimmerleute, die Müller und die 52 Handwerksobermeister. Als der Galgen aufgerichtet war, ging es in gleicher Ordnung wieder in die Stadt zurück, wo jeder Teilnehmer mit zwei Kannen Bier belohnt wurde.

Die Wassermühle war ein Quantensprung in der Technikgeschichte. Nach und nach breitete sie sich bis in den Nordseeraum aus und gewann dadurch immer mehr an Bedeutung. Einige Jahrhunderte nach den Wassermühlen kamen die Windmühlen auf, in Deutschland geschah dies im 11. Jahrhundert. Die älteste Form war die sogenannte „Bockwindmühle" oder auch „deutsche Mühle" genannt, zu denen sich später andere, leistungsfähigere Mühlentypen gesellten, insbesondere die „Holländerwindmühlen", nach ihrem hauptsächlichsten Auftreten an der Nordseeküste so benannt. Ihr Mühlenhaus war massiv erbaut und nur ihr oberer Teil, meist von einer Galerie begrenzt, war drehbar.

Mühlen waren von alters her auch Treffpunkte der Bürger und Bauern der Umgebung; es gab Mühlen, die zusätzlich ein Schankprivileg besaßen. Im Gefolge des Alkoholausschanks gab es, teils gemunkelt, teils verbürgt, in den oft abgelegenen Mühlen auch eine Mühlenprostitution. So konnte es geschehen, dass ein Bauer nicht nur mit zu wenig, sondern ganz ohne Mehl nach Hause kam, weil er es auf die eine oder andere Art verlustiert hatte.

Damit es bei der Mühle immer gerecht zuging, sorgte bereits die Bestimmung, dass die Mahlgäste, so wurden die Kunden der Müller genannt, in der Reihenfolge ihrer Ankunft bedient werden mussten. Die alte Redewendung: „Wer zuerst kommt, mahlt zuerst" stammt aus dieser Zeit.

Der Lehnsherr vergab die Mühle als Privileg, und der „Mahlzwang" bestimmte, in welcher Mühle der Mahlgast sein Mahlgut mahlen lassen musste. Von jedem

Scheffel Mehl forderte der Lehnsherr seinen Anteil. Für das Mahlen wurde entweder der Mahlgroschen bezahlt oder der Müller behielt eine bestimmte Menge Mehl ein, Metze oder Abmetze genannt. Davon lieferte er den größten Teil an den Landesherrn ab, einen Teil behielt er als Mahllohn für sich.

Vielerorts war es den Müllern verboten, Hühner zu halten oder Schweine zu mästen: in Eisenach war die Anzahl der Tiere begrenzt. Damit sollte den Mahlgästen bedeutet werden, dass der Müller nicht mit ihrem Mahlgut seine Tiere versorgte.

Unter dem 19. September 1758 erließ Großherzog Carl August ein „Patent wider die Feld-Dieberey und Schäden“, in welchem er nachsehe, dass Müller die eine Mühle mit drei Rädern besitzen, künftig höchstens 12 Hühner und 1 Hahn, solche mit einer Mühle mit einem bis zwei Rädern, höchstens sechs Hühner und einen Hahn halten dürfen. Das Patent wurde den Müllern verlesen und sie hatten ihre Kenntnisnahme durch Unterschrift zu belegen.[1] Damals war jede aufgelesene Ähre auf dem Felde bereits Feld-Dieberei und wurde bestraft.

Auf jeden Fall hatten die Müller allerorten gegen ihrem schlechten Ruf zu kämpfen, ähnlich wie die Weber und Schneider, die ebenfalls verdächtigt wurden, mit ihnen anvertrauten Materialien nicht ehrlich umzugehen. Durch alle Ritzen und Fugen der Mühlen soll das Mehl verstäubt sein und so den Schwund, von dem überall die Rede war, vergrößert haben. Geheime Fächer und Laden wurden, wie wir auch in Eisenach sehen werden, bei Inspektionen gesucht, manchmal wohl auch gefunden. Dass immer mal wieder eine Mühle durch unerklärliche Mehlstaubexplosionen in Schutt und Asche gelegt wurde, trug dazu bei, solche Unglücke entweder als Werk des Teufels oder Zorn des Gerechten zu deuten. Dazu muss wohl noch gesagt werden, dass durch das Reiben von Stein auf Stein ohnehin Sand in das Mehl geriet, denn die Mühlsteine nutzten sich ab und mussten von Zeit zu Zeit auch erneuert werden. „Neben jeder Mühle steht ein Sandberg“, lautet ein altes deutsches Sprichwort, und ein anderes besagt ebenso deutlich: „In der Mühle ist das beste, dass die Säcke nicht reden können.“ In der Sage galten die Müller häufig als Hexenmeister, und die abseits der Städte und Dörfer an einsamen Stellen gelegenen Mühlen hatten als Schauplätze von Raub und Mordtaten einen schlechten Ruf.

Es war wohl auch der Ausgrenzung der Müller zuzuschreiben, dass sich für ihr Handwerk nicht wie in den „ehrlichen“ Berufen ein reges Brauchtum entfaltete. Einzig ein Fastnachtsspiel, das man noch heute in Tripsdrill, in Wolfach (beide Baden-Württemberg) und im sachsen-anhaltinischen Lobitzsch pflegt, hat die Zeiten überdauert. Es ist der Brauch der „Altweibermühle“. Da wurden an einem Sonntagmorgen alle alten Weiber durch ihren Angetrauten aus dem Haus gejagt, damit sie auch ja in der Mühle landen, die aus ihnen wieder junge, hübsche und lebenslustige Mädchen machen sollte. Die Sache hatte aber einen

---

[1] StaAE 10 C.XIX.W.3, f. 61 ff.

Haken, denn nun besaßen die alten Männer junge, hübsche Frauen, die nach ihrer Verjüngung nichts mehr von ihnen wissen wollten. Ihnen blieb nur der Spott.

Auch die Deutsche Mythologie des Jacob Grimm wusste wenig über das Müllerhandwerk, dagegen mehr über seinen Betriebsstoff, das Wasser. Erstaunlicher Weise aber nur über einen geringen Teil desselben, nämlich den, der bei seiner Verwendung dem Prozess verlustig ging.

„Etliche Zauberinnen gehen zu einem Mühlrad und fangen das Wasser ein, das von dem Rad aufspringt. Mit diesem Wasser treiben sie mancherlei Zauberei zu Liebe und auch zu Feindschaft. Auch wer nicht ein guter Mann sein mag, dem helfen sie damit, dass er ein guter Mann sein möge. Das ist alles ein Unglaube.[2]"

„Wasser, das vom Mühlrad abspringt ist auch gut gegen Kopfweh.[3]"

„Gegen den Ansprang (eine Art Röthe) des Kindes hole man ein Stück Holz aus dem Mühlrad, zünde es an und räuchere damit die Windeln; das Kind wasche man mit Wasser, das vom Mühlrad abspringt. Was vom Holz übrig bleibt, ist in fließendes Wasser zu werfen.[4]"

Die Eisenacher Müllerei

Im Mittelalter spielten die Energie des Wassers und die des Windes eine große Rolle.

Windmühlen wurden vorrangig auf Hochflächen errichtet. In unserer Umgebung standen die nächsten in Neukirchen und Scherbda.

Wichtiger waren in Eisenachs Umgebung Gebirgsbäche mit Mühlgräben oder Teichen, die Wasser sammelten.

Im Jahre 1238 übereignete Landgraf Heinrich Raspe dem Nikolaikloster den „roten hof" und eine Mühle, „heidenmuel" genannt[5]. Sie war die erste Mühle Eisenachs, die uns namentlich und mit einer ungefähren Ortsbezeichnung genannt wurde. Ob sie sich an einem Bachlauf unterhalb des Kohlbergs oder an der Hörsel befand und wie lange die Mühle bestand, konnte nicht ermittelt werden.

Am 14. Juli 1243 verschrieb Heinrich, Landgraf von Thüringen und Pfalzgraf von Sachsen, seinem Kapellan Konrad, Priester von Kreuzburg, zum Danke für die ihm und seinen Brüdern geleisteten Dienste und zur Tilgung seiner Schulden die Einkünfte einer Mühle bei Eisenach, die die Nikolaikirche daselbst nach Erbrecht besitzt.[6]

---

[2] Grimm, Jacob: Deutsche Mythologie, III. Bd. S. 429

[3] Ebd. S. 449

[4] Ebd. S. 461

[5] Dobenecker, III, 769

[6] Dobenecker, III, 1094

1277 werden zwei Mühlen vor der Stadt erwähnt, die Albrecht, Landgraf von Thüringen, dem Katharinenkloster schenkt.[7]
Nach einer Urkunde aus dem Jahr 1316 überließ Margaretha, Witwe des gestrengen Ritters Rudolf Losse, die dem Marienkirchhofe gegenüber liegende Mahlmühle gegen einen Zins von 8 Hellern den Kanonikern gedachter Kirche, ingleichen den bei dieser Mühle befindlichen Hof des Wagnersgütchen für 6 Pfund Heller. Storch[8], der die Mühle kannte, könnte sich hier etwas vergaloppiert haben, denn 1316 war Rudolf Losse gerade einmal 6 Jahre alt. Es dürfte sich bei der Dame um seine Mutter handeln, Ehefrau des Hermann Losse, der neben Rudolf einen weiteren Bruder hatte, der den gleichen Vornamen wie sein Vater führte. Das Fließgewässer, das die Mühle antrieb, kann nur der Marientalbach gewesen sein, der die Abflüsse der beiden Hainteiche in sich aufnahm.
Am 18. März 1353 überließ Landgraf Friedrich III. dem ganzen Handwerk der Wullenweber zu Eisenach eine dortige Mühle zu ewigem Besitz.[9] Es dürfte die Mühle gewesen sein, deren Belehnung 1354 Landgraf Friedrich etwa genauer definiert „vor der Nolden (Nadelmühle vor dem Nadeltor) nannte und zugleich den Müller Heinrich Scheider gegen einen Zins von 20 Malter Korns, 60 Schilling, 1 Brot zu Weihnachten und 1 Lammsbauch zu Ostern, so dass jeder Teil die Hälfte der Zinsen bezahlen muss" erwähnte. (ZThG, Bd. 6, S. 372).
Bei der Aufstellung des „Registrum Dominorum Marchionum Missnensium" wurden 1378 unter den Besitzungen des Amtes Wartburg eine Mühle vor dem Nadeltor und die Burgmühle genannt. Von der Heidenmühle am Rothenhof war nicht mehr die Rede.
Gerd Bergmann erwähnte eine Poliermühle oberhalb des Gasthofs „Zum Goldenen Löwen", die durch die Messerschmiede im 15. Jahrhundert betrieben worden war. Allerdings gab er nicht preis, woher diese Nachricht stammte. Der einzig mögliche Wasserlauf zum Betrieb dieser Poliermühle wäre der Marientalbach, der östlich des später hier gelegenen Gasthofs entlang der heutigen Wartburgallee zwischen dem Kartausgarten und der Marienstraße, damals „Vor dem Frauentor" verlief, gewesen.
Als sich 1532 und 1536 Kurfürst Johann Friedrich und Landgraf Philipp von Hessen wiederholt in Eisenach trafen und 1538 die Versammlung des Schmalkaldischen Bundes stattfand, verhandelten die Fürsten wegen der Gefahr einer türkischen Invasion über einen Religionsfrieden. Im Ergebnis sagte man dem Kaiser Unterstützung zu und erhob zur Aufbringung der Kosten eine Steuer,

[7] Dob. IV, 1471

[8] Storch, Johann Wilhelm: Topographisch-historische Beschreibung der Stadt Eisenach so wie der sie umgebenden Berge und Lustschlösser, insbesondere der Wartburg und Wilhelmsthal nebst Regenten-Geschichte. Johann Friedrich Bärecke, Eisenach 1837, S. 36.

[9] Urkundenbuch Wangenheim II, 72.

die in den so genannten „Türkensteuerlisten" erfasst wurde. Die Türkensteuerliste des Jahres 1542 nannte in Eisenach 20 Großhandlungen, 5 Mühlen, je 2 Kupferhämmer, Ziegelhütten, Gerbhäuser, Badstuben und Gasthöfe sowie einen Zainhammer.

Weil der „Rulabach" durch zahlreiche Mühlgräben angezapft wurde, bekam er seinen Namen „Erbstrom". Wässer für Bergbau- oder Hüttenprozesse wurden in Teichen bei Atchenbach im Eltetal oder im Neuenhofer Grund gesammelt. Hier gab es Pochwerke, Erzwäschen und Kupferhämmer, im Erbstromtal wassergetriebene Gebläse zur Erzverhüttung, Schleifkoten und Sägewerke. Gebirgsrandflüsse wie die Hörsel und Nesse trieben Mahl-, Öl- und Schneidemühlen, Hämmer-, Loh-, Walk- und Papiermühlen, wurden aber auch für Gerbereizwecke genutzt. An der Nesse gab es nach dem 1. Weltkrieg sogar zwei kleinere lokale Elektrizitätswerke in Wenigenlupnitz und Stockhausen, sowie eines bei Hörschel an der Hörsel.[10]

Viele dieser oft kunstvollen Anlagen sind verfallen oder gar verschwunden. Schon um 1230 hatte man in Eisenach auf Geheiß des Landgrafen Heinrich

Die alte Brücke am Lindenhof, hinter der die Gothaer Straße begann. Hier zweigte man die Strecke entlang des Köppings ab, die gegenüber dem Palmental Nesse und Hörsel vereinigte. Foto: Weitze, 1964.

---

[10] Unter Verwendung von: Heinrich Weigel, Energiequellen und zugehörige Produktionsstätten im mittelalterlichen Eisenach – speziell die „Herrenmühle". In: Heimatblätter '93 des Eisenacher Landes. EP-Report 4. Hsg. Paul-Josef Raue, Redaktion Karlheinz Büttner. Eisenacher Presse 1994, S. 130 ff.

Der Korb, in dem die Delinquenten im Gackteich ihr unfreiwilliges Bad über sich ergehen lassen mussten. Darunter das so genannte „Trillhäuschen", in dem Missetäter in Rotation versetzt werden konnten, während links daneben eine Person am Pranger stehend dargestellt ist. Aus: Johann Wilhelm Trapp, Eisenacher Vorfälle mit Bildern. Handschrift. Gedruckt ohne die Bilder als: Eisenach in den Jahren 1739 bis 1805. In: Beiträge zur Geschichte der Wartburgstadt, Heft XVIII, Hofbuchdruckerei K. Kahle, Eisenach 1908.

Raspe in das Wasserregime von Hörsel und Nesse eingegriffen. Natürlicherweise vereinigten sich beide Flüsse erst westlich von Eisenach im Bereich der Spicke. Um der Überschwemmungsgefahr zu begegnen sowie den Wasserzufluss für die Stadtgräben, für Gerbzwecke und die Wasserkraft allgemein nutzen zu können, wurden beide durch den „Köpping" östlich der mittelalterlichen Stadt künstlich verbunden, ihr Zusammenfluss also „vorverlegt".

Man legte den Nessemühlgraben (heutiger Mühlgraben) im vorherigen Bett der Hörsel an, zweigte aber auch von ihm am Rothenhof den Hörselmühlgraben ab. Dieser führte parallel zur Waldhausstraße, unterquerte an einer uralten Steinbrücke den Vorläufer der Bahnhofstraße, nahm im Bereich des ehemaligen Diakonissenkrankenhauses den Löbersbach auf und mündete in der Uferstraße in den Nessemühlgraben (wie heute noch Sengels-, Marien- und Hainbach sowie viele Abwässer). Durch den Hörselmühlgraben (1908 zugeschüttet) ließ sich der im Norden vor der Stadtmauer liegende Stadtgraben füllen, er trieb Mahlmühlen, wurde von den Weißgerbern genutzt, speiste den „Gackteich" und mündete schließlich unter dem Namen „Kittelsbad" in den Nessemühlgraben.

Rollberg[11] behauptete, dass die Bürger zur Leistung von Frondiensten für die Mühlgräben verpflichtet waren. Das mag bei ihrer Neuanlage zutreffend gewesen sein; denn wer wäre in der Lage gewesen, in Handarbeit Kanäle von über 2 km Länge auszuheben und den Aushub abzutransportieren? Da aber für die Instandhaltung der Mühlgräben bereits frühzeitig die Anlieger und die Mühlenbesitzer durch die Stadtverwaltung verantwortlich gemacht wurden, konnten die übrigen Bürger der Stadt aufatmen, denn sie waren dieser Sorge ledig. Trotzdem war das Geschehen an den Flüssen und Mühlgräben von größter Wichtigkeit für die Bürgerschaft, denn sie erlebte die Überschwemmungen, winterlichen Eisgänge und anderen großen und kleinen Katastrophen mit all ihren Nachwirkungen hautnah mit. So waren auch die Termine der „Abschlagungen", das Trockenlegen von Mühlgräben zur „Grabenfege", so wichtig, dass sie der Pfarrer sonntags von der Kanzel verkündete.

Die Grabenfege war ein immer wiederkehrender Arbeitsgang, der nötig war, Mühlgräben funktionsfähig zu erhalten. Dabei wurden Sand- und Kiesbänke entfernt, Schlammablagerungen sowie Verunreinigungen und Treibholz aus dem Graben geräumt. So wurde in Vorbereitung der nächsten Pflegemaßnahmen im Jahr 1880 ein Grundstückszusammenlegungsplan erarbeitet, der zunächst den Mühlenbesitzern das Recht zur Ablagerung des Schaufelschlages aus den Mühlgräben auf den Wegen einräumte, während das Entfernen des Auswurfs dem Stadtgemeindevorstand oblag. Und so wurden die einzelnen Abschnitte eingeteilt:

- Sicherstreifen und Weg bei der Herrenmühle
- Weg zwischen Lache und Fischweide
- Pulverweg
- Sicherstreifen im Räuberloch längs des Mühlgrabens rechts
- der in der kleinen güldenen Aue längs des Mühlgrabens an der Hörsel links
- Triftweg an der Lehdendelle und am Reihersberg von der güldenen Aue bis zur Rothenhöfer Grenze
- Sicherstreifen in der großen Mühlau der Nesse entlang.

Am heutigen Mühlgraben gab es die Burg-, Öl-, Grüne, Graue, Weiße und Lohmühle, die Fischkästen der Hoffischerei, zwei Kupferhämmer und einen Zainhammer (Drahtzieherei).

Zur besseren Wasserregulierung zweigte man unterhalb des Galgens vom Hörselmühlgraben einen Graben ab, der durch die „Siechenlache", so genannt nach dem Siechenhaus beim Spital St. Clemens, (an der Clemenskapelle vorbei) führte und sich noch vor der Einmündung des Hörselmühlgrabens mit der vereinten Hörsel/Nesse verband. Er konnte bei Hochwasser abgesperrt werden. Diese

---

[11] Mit Gunst! Geschichte eines ehrbaren Handwerks in Stadt und Land Eisenach. Kaltennordheim, o. J., S. 91

Die Hoffischerei Bonewitz in der Werneburgstraße 2 bei Hochwasser. Im Mühlgraben sind die Fischkästen zu sehen, die der Fischer zur Aufbewahrung der lebenden Fische benutzte. Foto 1909. Sammlung Eilers 1202.

sinnreiche Wasserführung und -verteilung ermöglichte aber auch die Entwässerung der feuchten Aue zwischen Peters- und Wartenberg. Bis ca. 1840 gab es die Schwarze Pfütze, ein versumpftes Gelände nordöstlich von „Klein-Venedig", die Fischweide, heute die Straße nördlich des Mühlgrabens, wo diese nach Westen von der Karolinenstraße abzweigt und den Spickenpfuhl im Westen der Stadt unweit des Westplatzes, womit Sumpfungen und Wassertümpel bezeichnet wurden.

Zu den Produktionsstätten kamen an der Nesse noch die Neue Mühle und die Nessemühle, „Nachfolgerin" der Pulvermühle, hinzu, an einem kurzen Mühlgraben der Hörsel die Papiermühle am Rothenhof und später die Dietelsche Bleiweißmühle. Alle diese Einrichtungen hatten wegen des geringen Gefälles, aber reichlichen Wasserangebotes unterschlächtige Mühlräder, die also vom strömenden Wasser direkt angetrieben wurden.

Eisgang auf dem Mühlgraben bei der Hoffischerei im Jahr 1909.
Sammlung Eilers 1203.

Die Hoffischerei im Jahr 1910.
Sammlung Eilers 1201.

Im 18. Jahrhundert bildete sich im Bereich von „Klein-Venedig", den ehemaligen Gerberhäuschen am Hörselmühlgraben und in der Stadt am Löbersbach (Löberstraße) das Gerbergewerbe heraus. Zur gleichen Zeit entstanden zwischen Burg-, Grüner, Grauer und Weißer Mühle die ersten Textilmanufakturen, aus denen sich später die Kammgarnspinnerei und damit die Textilindustrie Eisenachs auf der Grundlage des reichlich vorhandenen Wassers entwickelte.
Dabei muss man sich vergegenwärtigen, dass die Hörsel und die Nesse (auch der Löbersbach) weitgehend in die Mühlgräben geleitet wurden und Abwässer aus dem heutigen Südviertel die Qualität des Nutzwassers nicht beeinträchtigten. Dies dürfte aber die Gerberei zur Genüge getan haben, später gewiss auch die Textilindustrie und die Farbenherstellung. Mancher Arbeitsgang war jedoch auch umweltverträglich – wie das Bleichen von Garnen und Textilien auf dem „Bleichrasen". 1861 wurde übrigens in der Burgmühle die erste Dampfmaschine Eisenachs aufgestellt, 1862 eine zweite in der Weißen Mühle, wo 1865 bisher verstreut gelegene, kleinere Betriebsteile der Kammgarnspinnerei zusammengefasst worden waren. Die Wasserkraft war damit nicht mehr alleinige Energiequelle.
Am unteren Teil des Mühlgrabens nahe seiner Einmündung in die Hörsel standen eine Lohmühle und zwei Kupferhämmer, vermutlich aus Geruchs- und Feuergefahr-Gründen weiter weg von der Stadt.
Bereits 1542 wurden zwei Kupferhämmer nachgewiesen: ein Hans Göpel musste seinen Kupferhammer zur Türkensteuer abgeben, ebenso wie Heinrich Kesseler. Ein weiterer bekannter Steuerzahler jener Zeit war Konrad Kreuznacher (Cuntz Crutznach), der neben seinem bekannten Haus am Markt auch eine Mahlmühle versteuerte, welche, wissen wir nicht. Auch Hans Nollenmüller besaß sicher einen Familiennamen; in der Türkensteuerliste gab ihm jedoch seine Mühle den Namen (Nadelmühle, gelegen am Nadel- oder Nollentor). Unter den ebenfalls damals ein Gewerbe ausübenden Bürgern waren der Inhaber der Pulvermühle Peter Straub, die Mahlmüller Franz Krugk, der bereits erwähnte Kreuznacher, Heinz Sachse und Sebastian Schweicker.
Die meisten der ehemals an Mühlgräben gelegenen Produktionsstätten existieren nicht mehr. Namen wie Pulvermühle, Burg-, Nadel-, Spittel- (Grüne), Mittel- oder Krebs- bzw. Weiße Mühle werden auch nicht durch Straßennamen in Erinnerung gehalten, nur eben Herrenmühle/Kupferhammer und die benachbarte Lohmühle, die jedoch ihre zugehörige Straße, den Lohmühlenweg, verlor. Der Flurname „Kupferhammer" wurde 1877 für eine neu angelegte Parallelstraße zur Rennbahn übernommen. Ihr westlicher Teil wurde 1934 nach dem Fabrikbesitzer Alfred Schwarz umbenannt, 1945 zur Erinnerung an den 1933 wegen faschistischer Repressalien aus dem Leben geschiedenen Arzt Dr. Paul Oppenheim nach diesem. 1892 erhielt die ehemalige Zufahrt zur Lohmühle den

Beräumung des Mühlgrabens der ehemaligen Burgmühle an der Karl-Marx-Straße im Jahr 1997. Der lange Balken dürfte die Hälfte der Mühlgrabenbreite überdeckt haben, wahrscheinlich als Unterbau des Mühlsteges. Der angespitzte Balken hatte wahrscheinlich eine Funktion als Auflage für den Mühlsteg. Am rechten Bildrand ist die Begrenzung des Mühlgrabens erkennbar.
Foto: Manfred Beck.

Die Synagoge der jüdischen Gemeinde Eisenachs am Mühlgraben an der heutigen Karl-Marx-Straße mit dem Fußgängerbrückchen, dessen Nachfolger noch heute vorhanden ist. Foto: Fritz Rollberg [1]

Namen „Lohmühlenweg“, von dem heute nichts mehr übrig geblieben ist. 1896 bis 1898 trug der rechts von der Rennbahn abzweigende Weg die Bezeichnung „Herrenmühlenweg“, nach Bebauung wurde daraus die „Herrenmühlenstraße“.

Der Mühlgraben an der Stelle der ehemaligen Synagoge in der heutigen Karl-Marx-Straße. Foto: H. Weitze 1962.

Verschwunden sind nach 1945 die Reste der bombardierten Burgmühle, von der letzte Grundmauern beim Bau des Hotels in der Karl-Marx-Straße 1997 zutage kamen und endgültig beseitigt wurden. Hier hatte übrigens der Vater von Ernst Abbe gearbeitet. Beim Bau des langen Hauses mit Durchgang in der Bahnhofstraße verschwanden die Häuschen von „Klein-Venedig“ und dahinter eine Lohmühle der einstigen Gerberzunft. Reste der Grünen Mühle mit Wasserrad fielen dem Baugeschehen um die Reine Gasse zum Opfer – auch das Fußgängerbrückchen über den Mühlgraben im Bereich der Fischerstadt. Der Mühlgraben am Rothenhof wurde ebenso verfüllt wie die Schützenlache, zuletzt „Suez-Kanal“ genannt. Der einstige Durchlass im Bahndamm wurde ebenfalls zugemauert.
Erhalten blieben allein die Bausubstanz der Neuen Mühle in der Hofferbertaue und die Betriebsfähigkeit der Nessemühle.

Als Johannes Limberg 1709 sein Werk „Das im Jahr 1708 lebende und schwebende Eisenach“ auf den Markt brachte, das wohl als ältester Reiseführer für die Stadt Eisenach zu gelten hat, vermerkte er den Bestand von drei Ölmühlen, einer Lohmühle, sechs Mahlmühlen vor St. Georgen-Thor; zwei Mahlmühlen und eine Ölmühle vor St. Niclaus-Thor; drei Mahlmühlen, eine Schneidemühle, eine Ölmühle und eine Walkmühle vorm Nadeltor; die so genannte Pulvermühle vorm St. Nikolaus-Tor, allwo eine Mahl- und eine Ölmühle.
Von dieser Ölmühle erhalten wir jedoch erst am 16. Januar 1818 Kenntnis, als Joh. Chr. Heinrich Grothe im hiesigen Wochenblatt bekanntgab: „Auf der von mir kürzlich erkauften Ölmühle, welche an der Pulvermühle bei hiesiger Stadt liegt, kann alle Tage geschlagen werden.“

Einen guten Überblick über die Eisenacher Mühlen gewährt eine Akte im Eisenacher Stadtarchiv, die ein Verzeichnis aller Ereignisse, soweit sie Mühlen und deren Eigentümer oder Pächter betreffen, darbietet. Das Verzeichnis wurde vom Großherzoglichen Amtsgericht durch den Richter G. F. Pfefferkorn im Jahr 1815 beim Eisenacher Stadtrat angefordert und ist mit dem Anforderungsschreiben abschriftlich in den Stadtratsakten[12] niedergelegt. Alle Vorgänge wurden hier erfasst und mit der betreffenden Jahreskennzeichnung und einem [A] = Akte von mir gekennzeichnet. Leider gingen einige der Akten verloren, so dass wir heute wissen, dass sie existierten und erfahren, was den Eisenacher Stadtrat und das Großherzogliche Amtsgericht in der damaligen Zeit beschäftigte. Um sie unterscheiden zu können, habe ich die heute verschwundenen Akten in Kapitälchen dargestellt, also als Großbuchstaben in Schriftgröße der Mittellängen des normalen Textes. Die noch vorhandenen Akten, die teilweise auch zitiert wurden, sind in Kursivschrift dargestellt.

Im Folgenden ist zu bemerken, dass es hauptsächlich Akten des Eisenacher Amtsgerichtes sind, die als verschollen zu gelten haben. Das mag auch daran liegen, dass bei der Sanierung des Gerichtsgebäudes nach 1990 Akten, die in den Bodenräumen lagerten und durch Taubenkot verunreinigt worden waren, vernichtet wurden. Sie sind im Folgenden aufgelistet, wobei Akten, die bestimmten Mühlen oder Personen zugeordnet werden konnten, dort zu finden waren:

1520. [A] Akten und Urkunden die Mühlen und Müller zu Eisenach insgemein betreffend.
1594. [A] Extrakt das fürstliche Amts-Erbbuch wegen der Mühlen, die daraus resultierenden Erbzinsen betreffend.
1625. [A] Die Legung des neuen Fachbaums.
1633. [A] Die . . . und Legung eines Fachbaums, auch Setzung eines Sicherpfahls.
1633. [A] Die vom Tuchmacherhandwerk geführte Beschwerde gegen den Nadelmüller wegen Fischerei.
1633. [A] Akten des Lohgerber-Handwerks.
1659. [A] Den Wasserbau an der Boyneburg. Grenze und die Besichtigung desselben betreffend.
1664. [A] Jeremias Schillers Forderung an Heinrich Eckardt.
1664. [A] Derselbe gegen denselben wegen Mühlenpachtzins.
1672. [A] Die Abschlagung des Wassers betreffend.
1674. [A] Christoph Durenheim gegen Hans Mathes Jericho wegen Näherkauf[13] der weissen Mühle.
1676. [A] Hans Mathes Jericho gegen Jacob Vogten wegen rückständigen Lohns.
1676. [A] Die Strittigkeit zwischen Amt und Stadtrat wegen des Malzes.
1676. [A] Akten des Amts, wegen der Mühlen und Wasser vor der Stadt.
1676. [A] Das Amt in strittigen Mühlenzinsen gegen den Stadtrat.
1676. [A] Des Amtmann Döplers Deduktion wegen der Mühlen-Jurisdiktion.
1677. [A] Hieronymus Eckardt gegen Georg Vogten wegen Näherkaufs.
1677. [A] Jacob Vogt gegen Georg Vogt wegen Teilung der Mühlen.

[13] Verkauf einer Sache, bei der der Käufer ein näheres Recht auf dieselbe als ein anderer hat.

1677. [A] Akten des Amtes gegen den Stadtrat wegen Beitreibung der Wehrbaukosten.
1677. [A] Andreas Müller wegen des Zinsrestes.
1678. [A] Ziegler gegen Cott und Eckardt wegen Kosten des Mühlgrabens.
1680. [A] Hans G. Kühn gegen Hieronymus Eckardt wegen Wehrbaukosten.
1677. [A] Des Amtmann Döplers Beschwerde gegen den Stadtrat puncto Jurisdiction wegen Beeinträchtigung.
1679. [A] Heinr. Schuchardt wegen der Mühlenreparatur und dem Pachtzins.
1679. [A] Die Versetzung der Schutzbretter betr.
1680. [A] Akten die Beitreibung der Anlagen zu den Wasserbaukosten von den Eigentümern und Pächtern der Mühlen.
1680. [A] D. Zesch und Cons. gegen Justin Voigt und Hans Hötzel wegen Pachtberechnung.
1680. [A] Jost Kohrings Witwe gegen Cyriacus Rudloff betr. des Pachtgeldes.
1681. [A] Jacob Göpel gegen Andreas Müller wegen Frevels.
1681. [A] Conrad Solts gegen Jacob Göpel wegen Mühlenkaufgeldern.
1681. [A] Jost Schmidt gegen Elias Göpel wegen Mühlenzinses.
1683. [A] Sebastian Ilgen gegen Jost Ilgen wegen der Pacht.
1684. [A] Heinrich Gebhardt gegen Pastin Kühn wegen Schaufelschlags.
1684. [A] Die Anlegung einer Schneidemühle.
1684. [A] Caspar Göpel wegen Wegnahme und Einsetzung der Schutzbretter.
1684. [A] Die von Sebastian Göpel deponierten Mühlenkaufgelder.
1685. [A] H. Böttger gegen Cossischs Erben wegen rückständiger Zinsen.
1686. [A] Joh. Friedrich Cotta gegen Hans Vogt wegen des Pachtzinses.
1686. [A] Kaufbrief über die Öl- und Walkmühle.
1688. [A] Hans G. Rudloff gegen Jacob Göpel wegen Mühlenpacht.
1688. [A] Sämtliche Buch- und Raschmeister gegen Joh. Sülzners Erben betr.
1689. [A] Klage der Fr. Kochin gegen Jacob Vogt wegen rückständiger Zinsen.
1689. [A] Frau Kochin gegen Justin Schmidt und Hans Vogt wegen Stauung des Wassers.
1689. [A] Just Schmidt gegen Hans Vogt wegen der Mühlenpacht.
1689. [A] Die Legung des Fachbaums und Setzung eines Sicherpfahls und dabei vorgefallene Irrungen.
1690. [A] Die Besichtigung des Mühlgrabens.
1691. [A] Joachim Nicol. Heydenreich gegen Just Vogt wegen Pachtzins.
1691. [A] Jacob Göpel gegen G. Ilgen wegen der Mühlenpachtsache.
1691. [A] Caspar Eckardt gegen den Knecht von Hofmanns Witwe wegen abgeholter Früchte.
1696. [A] Die Beschwerde David Trautmanns gegen Georg und Christoph Vogt.
1697. [A] Wolf Gebhardt gegen Christoph Vogt wegen Mühlenverwüstung.
1697. [A] Sebastian Ilgen gegen Hans Rudloffen wegen des Wasserlaufs.
1698. [A] Heydenreich gegen Jacob Vogten wegen der gepachteten Mühle.
1698. [A] Die Besichtigung im Mühlgraben vor Heydenreichs Fachbaum.
1700. [A] Heydenreich gegen Georg Rudloff.
1702. [A] Die Besichtigung des Mühlwassers und Grabens auf den Clemdagarten und Wiesen geworfenen Sandes und Schlammes.
1705. [A] Sebastian Göpel gegen Peter Vogt wegen der Mühlenpachtsache.

[12] StAE 10 C.XIX.W.26

1706. [A] Das vom Buchmacherhandwerk angelegte Mahlwerk und diktierte Strafe auch nachgesuchte Concussion.

1706. [A] Den vorm Georgen- und Nadeltor prätentierten Schaufelschlag auf die herrschaftlichen Wiesen.

1706. [A] Jäger gegen Heydenreich.

1707. [A] Das Lohgerber-Handwerk gegen Andr. Wilh. Matthes.

1707. [A] Klage der Elisabeth Gebhardin gegen Hans Vogt wegen Mühlenpachtzins.

1710. [A] Fr. Heydenreich gegen Hans Rudloff wegen Abschaffung eines neuen Bodensteins.

1713. [A] Die Fege und Erweiterung des Mühlgrabens.

1719. [A] Das Lohgerber-Handwerk und Paul Mathes gegen Wilhelm Duphorns Mühlen- und Wasserrechts-Beeinträchtigung.

1728. [A] Heinr. Nicol. Heydenreich gegen Wilhelm Heydenreich wegen Mühlenpachtzins.

1728. [A] Leibmedikus Medius und Cons. gegen Melchior Leifer wegen Pachtierung.

1728. [A] Des Hegereiters Anton Klage gegen Michael Deubner und Cons. wegen Schadensfahrens der Clemdawiesen.

1730. [A] Georg Sebastian Vogt gegen Michael Vogt wegen . . . Schadloshaltung.

1731. [A] Die Einrichtung einer verdeckten Rinne im Streichwasser über den Köpping.

1736. [A] Joh. Christoph Vogt gegen Jonas Breng wegen vorenthaltenen Lohnes.

1737. [A] Den gelegten Fachbaum und gesetzten Sicherpfahl betreffend.

1740. [A] Paul Ludwig Schellhass und Cons. gegen Joh. Conrad Ackermann und Cons. wegen der Beschlagnahme.

1741. [A] Amts-Verordnung an sämtliche Müller, die gehörige Fütterung und Anlegung an Ketten der herrschaftlichen Hunde betreffend.

1742. [A] Hauptmann Heydenreich gegen Joh. Schröder wegen Mühlenpacht.

1745. [A] Die vom Geleitsmann Kley unternommene Anlegung einer neuen Schleuse und deren [inhibition] Hemmung betr.

1746. [A] Sebastian Kehr gegen Wilhelm Heydenreich wegen Mühlenpachts-Indemnisation [Schadenersatz].

1748. [A] Die unerlaubte Schützung und Stauung des Wassers.

1751. [A] Die Bestellung der Wassermeister bei fürstl. Amt betreffend.

1753. [A] Die Verpflichtung der hiesigen Müller betreffend.

1753. Johannette Margarethe Schreiber gegen Michael Caspar Kehr wegen Pachtzins. (Die genannte Frau Schreiber war Besitzerin der Kleinen Nadelmühle, ihr Gegner vor Gericht war ihr Pächter.)

1754. [A] Joh. Balthasar Jöck gegen die Weissgerber Wilhelm Ehmer u. Cons. wegen Irrungen bei der gemeinschaftlichen Schlag- und Walkmühle.

1755. [A] Wilhelm Ilgens Witwe wegen Mühlenerbzins-Kosten.

1758. [A] Joh. Peter Wolf gegen Joh. Caspar Kehr und Cons. . . .?

1760. [A] Beschreibung, was in Mahl- und Müller- Real- und Personal-Sachen dem Amt oder Stadtrat zu verfügen gebührt.

1761. [A] Andreas Neumar und Cons. gegen Anton Mohr wegen Abgangs von Pacht.

1761. [A] Neumüller Vogt gegen sämtliche Müller des grossen und kleinen Wehrs wegen Weiden-Abstutzung und Mühlgraben-Damm.

1761. [A] Adam Kehr gegen Joh. Adam Pabst wegen zugesetzten Fachbaums.

1762. [A] Die Besichtigung Georg Sülzners Wasserschaden.

1763. [A] Joh. Adam Pabst gegen Joh. Heinrich Pabst wegen rückständiger Pachtgelder.

1763. [A] Die Beschwerden Adam Lasers gegen Justin Duphorn wegen Verringerung das Wasser wieder eingehen zu lassen.

1764. [A] Die Schützenlache hinter der Burgmühle und deren Aufräumung betr.

1764. [A] Den Wehr- und Wasserbau betreffend.

1764. [A] Joh. Georg Duphorn gegen Joh. Heinrich Pabst wegen alleinigen Fischens beim Wasserausgehen.

1764. [A] Joh. Heinrich Pabst gegen Wilh. Bohl wegen Pachtabgaben.

1765. [A] Hr. Rat Herda gegen Pachtmüller Streiber wegen des Pachtzinses.

1765. [A] Die für Barthel Bachmann vom Rat Herda bestellte Kaution.

1765. [A] Die Beschwerde des Tuch- und Raschmacherhandwerks gegen Sebastian Walther wegen einer gelegten Fischreuse beim Wasserausgehen.

1765. [A] Kommerzienrat Kühn gegen sämtliche Müller wegen Prozesskosten.

1765. [A] Des Polizei-Inspektor Debes Forderung für gesetzte Weidenstämme.

1766. [A] Joh. Heinrich Pabst wegen eigenmächtig angelegter Walkmühle.

1767. [A] Wilhelm Isleib zu Eppichnellen gegen Michael Thomas wegen Schadens mit dem Geschirr.

1767. [A] Die errichtete Mühlen- und Mahlordnung betreffend.

1767. [A] Die Untersagung des Schaufelschlags in den Hospitalgarten.

1767. [A] Kammerbefehl, dass die Wassermeister bei grossem Wasser das grosse, und wenn es nötig ist, das kleine Wehr visitieren sollen.

1769. [A] Die Besichtigung des beim grossen Wehr von Joh. Heinrich Pabsten und Cons. erweiterten Grabens und Dammes.

1771. [A] Die Legung eines neuen Fachbaums.

1771.[A] Sabina Deubnerin gegen Andreas Vogt zu Ruhla.

1772. [A] Johann Caspar Walther gegen Christian Kaiser wegen Wasserstauung.

1774. [A] Verkauf Joh. Tob. Oehrings 1/5 Oel- und Walkmühlen-Anteils und von Conr. Oehring gesuchten Näherechts.

1775. [A] Conrad Jerk gegen David Duphorn wegen verweigerten Ganges übern Steg.

1776. [A] Den zwischen Balthasar Oehrings Witwe und Christian Pabsten geschlossenen Walkmühlenkauf und den von der Ersten Stiefsohn gemachten Widerspruch.

1776. [A] Akte wegen dem Weissgerber Christian Pabst u. Cons. der Walkmühlen-Besitzer in puncto des prätendierten Walklohns.

1776. [A] David Duphorn gegen Jerk wegen Baukosten.

1776. [A] Joh. Heinr. Pabst betr. des Herrn Streibers Ausgang aus dem Raschwaschhaus und Legung der Rinne.

1777. [A] Herr Hofagent Bohl gegen Joh. Sebastian Thon wegen Mühlenpachtrests.

1777. [A] Hr. Streiber gegen Joh. Heinr. Pabst wegen des strittigen Platzes vor des ersteren Raschwaschhaus.

1779. [A] Das Lohgerberhandwerk gegen Paul Mathes wegen des Mühlengerinnes.

1780. [A] Die Beschwerde der Walk- und Schlagmüller durch Justin Vogt wegen eines an der Mühlmauer zu weit herausgehenden Steins.

1781. [A] Akten G. Wilhelm Thons Pachtgelderrückstand und Mühlenreparaturkosten.

1781. [A] Die von der Kammer verlangte Nachricht wegen der käuflichen an sich gebrachten Frucht- und Geldzinsen.

1783. [A] Joh. Heinr. Pabst gegen Elias Ehmer wegen der Fischerei.

1783. [A] Joh. Heinrich Pabst gegen Bohl wegen der Baukosten.
1786. [A] Die Legung eines neuen Fachbaums.
1787. [A] Die Eingriffe des Stadtrats in die Amts-Jurisdiction bei der Hospitalmühle.
1787. [A] Joseph Kaiser gegen Rat Herda wegen Mühlenpacht-Irrung.
1787. [A] Den Verkauf der herrschaftlichen Mahl- und Schneidemühle an Christian Kaiser.
1788. [A] Adolph Pabst gegen Wilhelm Thon wegen der Schutzbretter.
1788. [A] Besichtigung, wegen deren Joh. Heinr. Pabst auf das Verbot wegen Aufeisens vorgeschützte Gefahr betr.
1789. [A] Müller Walther und Kehr gegen Michael Vogt und Barthel Bachmann wegen eingesetzter Schutzbretter.
1791. [A] Christian Kaiser und Cons. gegen Adolph Pabst wegen Auffütterung des Fachbaums.
1792. [A] Klage des Fouriers Vogt gegen den Müller Michael Vogt wegen gefahrenen Sandes.
1792. [A] Nikolaus Vinz und Wolf Jacob in Lengsfeld wegen Pferdehandels.
1794. [A] Andreas Ruppert gegen Adami.
1795. [A] Christian Kaisers Inventur und Berichtigung des Nachlasses.
1795. [A] Michael Vogt wegen eingesetzter Schutzbretter.
1796. [A] Der Pferdehandel zwischen Adam Petri und Wolf Jacob zu Stadtlengsfeld.
1796. [A] Die Heinr. Walther zur Last gelegte Wegnahme eines herrschaftlichen Hundes.
1797. [A] Derselbe gegen seinen Pachter wegen Pachtrückstands.
1797. [A] Die Kaiser-Geschwister wegen der Verpflegung ihrer jungen Schwester.
1798. [A] Die von Georg Wilhelm Thon gesuchte Anlegung einer Ölmühle.
1799. [A] Conrad und Adolph Pabst gegen Wilhelm Thon wegen angelegter Graupenmühle.
1799. [A] Den Verkauf der Grünen Hospitalmühle und Bezahlen der Schulden betr.
1799. [A] Die Pflege der Zwangsversteigerung der Kühnischen Mühle.
1799. [A] Joh. Adam Reinhardt und dessen Geschwister gegen Wilhelm Thons Näherecht an der Öl- und Walkmühle.
1800. [A] Die Legung eines neuen Fachbaumes und Setzung eines Sicherpfahls.
1804. [A] Die Ablassung des Mühlwassers betreffend.
1805. [A] Befehl, dass bei grossem Wasser zuerst das grosse Wehr gezogen werden soll.

Es fällt auf, dass unter den genanten Aktenstücken viele vorhanden waren, die ausstehende Mietzinszahlungen zum Inhalt hatten. Dies lässt auf knappe Kassen der Müller oder Mühlenpächter schließen, die oftmals von der Hand in den Mund lebten und nur mit Mühe ihren finanziellen Verpflichtungen nachkommen konnten.

Jedes neue Triebwerk in der Stadt vermehrte die Angst der Müller und Pächter vor weiteren finanziellen Einschnitten. So sind auch die vielen Klagen zu erklären, die die Existenzangst dokumentieren, die jede Veränderung an den Mühlen der Nachbarn hervorbringen konnte, denn sie war womöglich für eine Verschlechterung der eigenen Arbeitsbedingungen verantwortlich.

Befasst man sich mit den Mühlen und ihren Handhabungen, stellt man bald fest, dass dies ohne die Beachtung der Wasserläufe, die sie überhaupt in die Lage versetzten, Mühlen anzutreiben, schlechterdings gar nicht möglich ist.
Da die beiden Flüsse, die Nesse und die Hörsel, Wasserläufe mit geringem Gefälle sind, die diese Eigenschaft natürlich auch auf die sie ergänzenden und erweiternden künstlich angelegten Mühlgräben übertrugen, stellt man fest, dass das Netz von Wasserläufen und Mühlen in und bei der Stadt Eisenach ein wohldurchdachtes System darstellten, in dem jeder einzelne Faktor eine gewichtige Rolle spielte. So hatten die Wasserläufe, ob nun Fluss oder Mühlgraben, die Aufgabe, jeder Mühle, die durch ein Privileg dazu berechtigt war, die bestmögliche Versorgung mit dem Betriebsstoff, dem Wasser also, zu gewährleisten. Dies konnte bei stärkerem Gefälle des Wasserlaufes durch mehrere, bei schwächerem Gefälle durch weniger angesiedelte Triebwerke gewährleistet werden. Über ganze Strecken war es überhaupt unmöglich, Triebwerke zur Ausübung eines solchen Gewerbes zu privilegieren. Und so finden wir an einzelnen Stellen ganze Nester von Mühlen, während an anderen Teilen dieses komplizierten Systems nicht eine einzige Mühle zu finden ist.
Zusätzlich gab es, um Launen der Natur abzumildern, für den Müller als Betreiber einer Mühlenanlage, noch Hilfsmittel. Im Frühjahr, im Herbst, und bei heftigen Gewittern im Sommer hatte er die Möglichkeit, die Wassermenge durch das Absenken vorgeschalteter Schütze zu vermindern oder durch das Aufziehen der Schütze zu erhöhen. Dies kam auch bei vermindertem Wasserzufluss im Sommer in Betracht. Die Schütze hatten aber auch die Funktion, die Mühlen vor übermäßigen Wassermengen zu schützen. Dazu dienten auch Freigerinne, die das Wasser an den Mühlrädern vorbei in den Wasserlauf leiteten. Dieser Aufgabe widmeten sich auch Wehre, die den Wasserspiegel im Mühlgraben stabil halten sollten und überflüssiges Wasser über die Wehrkrone in den unregulierten Fluss abfließen ließen. Die Wehre besaßen dazu noch Schütze vor dem Einlauf in den Mühlgraben. Vor den Wehren und Schützen jeder Mühle befand sich zudem noch eine Auffangvorrichtung für Treibgut aller Art, für dessen Entsorgung der Müller zuständig war. Diese Aufgabe verrichteten zumeist eiserne Rechen, die zugleich die Mühlentechnik, insbesondere das Mühlrad schützten, was später auch vor dem Einlauf in die Schächte der Turbinen geschah.
Ein besonderer Feind der Müller war der Winter, der nicht nur die Mühlgräben zufrieren ließ, wenn sie nicht eisfrei gehalten wurden, er sorgte im anderen Fall auch für Schäden an der Mühlentechnik, wenn sich Treibeis vor den Schützen der Mühlen staute und so auch für Grundeis sorgen konnte, das den Betrieb der betroffenen Mühle unmöglich machte. Müller war ein Beruf, der immerwährende Achtsamkeit rund um die Uhr erforderte. Doch nicht nur die Mühle wollte geschützt werden, auch der sie versorgende Wasserlauf musste gepflegt werden, denn die Gewässer führten Geröll, Kies und Sand mit sich, Ausspülungen führten Mengen an Erde, Gesträuch, sogar ganze Bäume bei Uferabbrüchen mit sich. Dies alles ließ die Mühlgräben verflachen und reduzierte gerade an solch neuralgischen Punkten wie vor den Fachbäumen die Wassermenge, die vor den

Mühlen einen Vorstau bewirken sollten, der dann die Fließgeschwindigkeit beim Einlauf in das Mühlgerinne erhöhte und so die Effektivität des Mahlvorgangs steigerte. Zu diesem Zwecke mussten die Mühlgräben von Zeit zu Zeit gefegt werden, das heißt, von Schlamm, Kies und anderen Ablagerungen befreit werden. Dazu musste das Wasser in den Mühlgräben abgeschlagen werden; sie wurden trockengelegt. Der Auswurf aus den Mühlgräben, der sogenannte „Schaufelschlag" musste anschließend abgefahren werden, denn jeder Meter Bodens war wertvoll und durfte nicht verloren gehen; zumeist wurden durch den Schaufelschlag auch Wege blockiert, die ja für den Abtransport vorgesehen waren und zugleich dem Verkehr dienten.
Dass dabei nicht immer alles nach Vorschrift und zu aller Zufriedenheit ablief, kann man sich denken, zumal auch jedes Individuum eigene Vorstellungen über die Befolgung und Ausführung der Allgemeinheit dienlicher Arbeitsabläufe hatte. Nicht zuletzt konnte man sich auch gut vorstellen, wie kräftezehrend es ist, Schlammbergen und Kiesbänken mit der Schaufel zu Leibe zu rücken und aus Mühlgräben zu werfen, die manchmal über 9 Meter breit über 1,5 m tief waren. Wie im folgenden Beispiel ersichtlich, machte man sich bereits 1652 darüber Gedanken, wie die Wasserläufe im besten Zustande zu erhalten wären; allein man setzte es, wie wir des öfteren sehen werden, nicht durch.

1652. [A] Die fürstliche Verwaltung richtete am 3. Dezember 1652 eine Aufforderung an den hiesigen Amtsverweser Georg Stephan Schelhase, die sämtlichen Mühlenbesitzer aufzufordern, Holz und Reisig zum Wasser- und Wehrbau bereitzustellen.[14]
Diese Aufforderung blieb gänzlich ohne Wirkung, so dass Schelhase unter dem 15. Dezember nochmals ein Rundschreiben an die Mühlenbesitzer sandte, in dem er die Exekution des Holzes androhte.[15]

1652. [A] Die Abschlagung des Mühlwassers und die Amtsgerichtsame dabei betreffend.[16]
Bei der Stadt Eisenach sind, in Ansehen der Flüsse und Wasserleitungen, welche zum Betriebe der Mühlen und sonstigen notwendigen Zwecken dienen, folgende Hauptpunkte aufzustellen:
1. Die Nesse, die von Lupnitz her kommt, ist ein warmes Wasser, das nicht zufriert. Alte Chroniken besagen, dass einst bei einem äußerst strengen Winter von Frankfurt die Früchte bei Eisenach an der Nesse gemahlen worden wären.
2. Die Hörsel besteht aus einem kalten Wasser und friert sehr leicht zu.
3. Neben der Stadt ist von der Nordseite ein künstlich angelegter Kanal, dessen Wasser sämtliche Mühlen von der Burgmühle bis zu der Spickenmühle treibt.
4. Die Nesse wird durch das unterhalb der Pulvermühle erbaute so genannte große Wehr in diesen Mühlgraben geleitet, in welchem sich noch über der Burgmühle hinter der Clemda der Mühlgraben aus der Hörsel vereinigt.

---

[14] StAE 10 C.XIX.W.19 f. 12 ff.

[15] StAE 10 C.XIX.W.19 f. 15

[16] StAE 10 C.XIX.W.10

5. Da nun die mittels des großen Wehrs in den Mühlgraben fließende Nesse durch den Zufluss der Hörsel bei großem Wasser oft zu stark anschwillt, so ist gleich über der Burgmühle noch das so genannte kleine Wehr entstanden, und unentbehrlich.
6. Durch das am großen Wehr über, oder durchfließende Wasser entsteht der Haupt- oder wilde Strom, und der Abfluss des kleinen Wehrs fließt in die so genannte Schützenlache, die sich beim so genannten Kalten Bade mit jenem Hauptstrome vereinigt.
7. In jedem Jahre wird, um Johannis – mehrere Nachrichten bestimmen den Montag nach dem 7. Trinitatis-Sonntage – durch Öffnung des großen Wehres das Wasser, auf eine oder mehrere Wochen, abgeschlagen, damit in dieser Zeit die an den Mühlen vorfallenden Reparaturen vollbracht werden können.
8. Während dessen wird in dem Hauptgraben das Wasser aus der Hörsel durch einen kleinen Damm zurück nach dem großen Wehr zu abgeleitet, woraus die künstliche Anlage des Hauptgrabens und zugleich dieser gefegt wird, damit sich derselbe nicht verschlamme, noch dadurch erhöht werden darf.
9. Es ist von jeher Vorschrift gewesen, dass beim besagten Wasserabschlagen, oder, wie es gewöhnlich genannt wird, beim Wasserausgehen auch
– alle Reparaturen an den beiden Wehren besorgt und
– der Hauptgraben sowohl vor auch
– die Schützenlache gehörig gefegt werden müssen.
10. Geschieht alles dieses jedes Jahr ordnungsmäßig, so kann auch darauf gesehen werden, dass im Winter das warme Wasser durch den Hauptgraben geleitet, und dieser immer offen ist. Kamen aber dabei Vernachlässigungen vor, so entsteht bei neuem plötzlich einfallendem Frost nicht nur für die ganze Stadt, sondern auch für die umliegende Gegend, aus welcher im Winter hier gemahlen wird, der größte Nachteil, ein beträchtliches Unglück. Noch im vorigen Winter ereignete sich ein solcher Fall, dessen Wichtigkeit nach erfahrenen sorgenvollen Tagen durch ein unerwartetes Tauwetter zum Glück noch verhindert wurde. Wird sich um die Abstellung der erheblichen Gebrechen, Fehler und Nachlässigkeiten nicht besser als bisher bekümmert, so können weder Beschaffenheit noch Witterung, die wir nicht voraus bestimmen können, leicht die traurigsten Folgen entstehen lassen. Denn in der jetzigen allgemein betrübten Zeit fehlt noch dieses, dass sich zu den allzu hohen Fruchtpreisen die Unmöglichkeit, Mehl zu bekommen, geselle . . .
11. Es ist im Jahr 1807, aus einem übel angebrachten Erfordernis, angefangen worden, den Hauptgraben nicht zu fegen, sondern nur zu schleifen. Seit einigen Jahren ist man so zu Werke gegangen. Es gehört aber recht wenig Verstand dazu, nicht zu sehen, dass auf diesem Wege die Sache auf Dauer nicht bestehen kann. Durch das Schleifen wird zwar der sich das Jahr hindurch gesetzte Schlamm etwas aufgerührt, wird aber nur wenige Schritte weiter gebracht, bis er

sich wieder setzt. Der Kies und grobe Sand bleibt aber immer sitzen und ein ganzes Jahr hindurch kommt wieder neuer Schlamm, Sand und Kies dazu, den jedes trübe Wasser mit sich führt, und besonders hier beim ruhigen Flusse desto eher absetzt. Was soll nun am Ende daraus entstehen? Noch und noch muss die Erhöhung dergestalt zunehmen, dass die kunstreiche und beinahe waagerechte Anlage des Mühlgrabens zwecklos wird und die wahre Absicht nicht erfüllt. Öffnet man am Ende, wenn das Übel noch größer geworden ist, die Augen, so müssen sich dann die Kosten noch mehr vergrößern, zu deren Bestreitung dann wohl die Unmöglichkeit vorgeschützt wird.

12. Am großen Wehre hat das Streichwehr durch die vorgewesenen großen Wasser sehr gelitten. Es muss zu Abwendung eines größeren Übels und wirklichen Unglücks noch vor Eintritt des Winters hergestellt werden, wozu aber bis jetzt keine Vorkehrung getroffen wird.

13. Das kleine Wehr ist beim letzten Wasser-Abschlagen repariert worden. Man hat aber daran ein Fach ganz eingehen lassen, das die Vorfahren für gut und notwendig erachtet haben.

14. Unter dem kleinen Wehr hat sich eine Menge Kies angehäuft, der den schnellen Abfluss verhindert. Es werden aber zu dessen Entfernung nicht die geringsten Anstalten gemacht.

15. Die ganze Schützenlache ist teils verengt, teils verschlammt; man legt aber deswegen keine Hand an. Die Normalbreite derselben soll in 16 Schuhen, so wie die von dem Mühlgraben in 30, und die von dem wilden Fluss in 32 Schuhen bestehen.

16. Endlich ist von den ältesten Zeiten verordnet, dass von Seiten der Tuchmacher, wie es heißt, von Jahr zu Jahr gewisse Wassermeister bestellt werden müssten, welche darauf zu sehen haben, dass die Wehre mit dem Mühlgraben in Ordnung erhalten werden und dabei niemandem einiger Schade oder Nachteil zuwachse, und dass es keinem an dem nötigen Wasser fehle.

Wer die vorstehenden Punkte zur Erhaltung der Eisenacher Flüsse und Kanäle aufschrieb, kann nicht mehr ermittelt werden. Sie enthalten gute Ratschläge, wiederholen aber auch vieles bekannte, dass immer wieder zu Problemen an den Wasserläufen führte, die nie konsequent behoben wurden.

Davor ist in der Akte noch der Wassermeister-Eid aus dem Jahr 1751 eingefügt, den wir uns jedoch an dieser Stelle ersparen können, weil der Leser mit den Folgen seiner Nichtbeachtung oftmals konfrontiert wird.

1758. [A] Entwurf zu einer Mühlen- und Mahl-Ordnung mit Beilagen A–F.[17]

Im Juli 1758 legte die Fürstliche Regierung einen „Entwurf zu einer Mühlen- und Mahl-Ordnung mit Beilagen A–F“ vor. Diese sollte allen Eventualitäten des Berufslebens der Müller, Bäcker, Braumeister und Wirte in der Stadt Eisenach entsprechen und umfasste neben den oben genannten Beilagen 41 Abschnitte.

[17] StaAE 10 C.XIX.W.3

Da die dort genannten Forderungen auch in den vielen hier behandelten Beispielen vorkommen und zumeist wichtige Bestandteile der einzelnen Fälle sind, wollen wir auf die im Text dadurch häufigen Wiederholungen an dieser Stelle verzichten. Da das Dokument als Umlauf in den Verkehr gebracht wurde, wird ohnehin darüber noch zu diskutieren gewesen sein.

1760. [A] Frau Hofagent Bohlin gegen Hermann Bonewitz wegen überlassenen Platzes.[18]

Fünfzehn Jahre vor dieser Klage hatte der Müller Wilhelm Ilgen einen Teil seines Grundstückes, etwa 8 Schuh breit, dem Hermann Bonewitz zur Nutzung überlassen. Nun hatte Ilgen die Mühle an Frau Bohl verkauft und diese nicht über die Nutzung des Grundstücks-Streifens durch Bonewitz informiert. Da die Nutzung jedoch nicht aktenkundig war, wurde die Bonewitzsche Nutzung nun gerichtlich untersagt und der besagte Grundstücksteil der Frau Bohl zugesprochen. Damit endete das kurze Aktenstück.

1817. [A] Stadtgerichts-Acta die durch Großherzogl. Fischkommission veranlasste Erörterung über angebliche Mängel des Mühlgrabens, namentlich die Fegung desselben[19].

Die Mängel wurden zunächst dargelegt: Der Mühlgraben sei seit 10 Jahren nicht gefegt, abgelagerter Schlamm und Kies nicht beräumt worden. Am großen Wehr ständen notwendige Reparaturen an. Bei einem weiteren Wehr habe man beim letzten Hochwasser ein Fach ganz eingehen lassen. Hinter einem weiteren Wehr habe sich Kies angehäuft, der den freien Abfluss verhindere. Die ganze Schützenlache sei verengt und verschlammt, aber man lege keine Hand an. Zuständig für den Mühlgraben bis hin zum Burgmüller Ehrhardt seien seit alter Zeit die Tuchmacher gewesen.

Aus diesem Anlass wurden für den 18. April 1817 der Hauptmann und Mühlenbesitzer Friedrich Pfennig und der Burgmüller Karl Wilhelm Ehrhardt vorgeladen, um Auskunft zu geben. Sie antworteten:

Seit 1807 wäre der Mühlgraben teils gefegt und teils geschleift worden und auch jetzt würde er über den Kramsteg hinaus noch gefegt. Sie hielten diese Vorgehensweise nicht für nachteilig, sondern für sehr zweckdienlich, sollte sich aber beim Abschlagen des Wassers ergeben, dass ihre Verfahrensweise nachteilig sei, so wollten sie diese sofort ändern. Von der gehörigen Haltung des Grabens hänge ihr Gewerbe ab, und sie müssten als blind gegen ihr eigenes Interesse sein, wenn sie dabei etwas vernachlässigten. Der Hoffischer hingegen, von welchem die Sache herrühre, habe darüber, wie beim Grabenfegen verfahren werden solle, nichts zu sagen, indem er zum Grabenfegen nichts beitrage, an demselben bloß toleriert sei und kein Recht daran habe. Übrigens habe derselbe

---

[18] StaE 10 C.XIX.W.23

[19] StaAE 10 C.XIX.W.11

noch keinen Schaden gehabt, und würde auch niemals welchen leiden, wenn noch jetzt besondere Fischbehälter, wie vormals unter der damaligen Reichardtsmühle gehalten würden, in welchen immer Wasser gewesen sei, auch wenn im Graben selbst kein Wasser gewesen wäre.

Die Ursache, daß im Jahre 1815 das Mühlwasser so plötzlich zugefroren wäre, habe nicht in der Verfahrensweise beim Grabenfegen, sondern in ganz anderen Umständen gelegen, welches schon daraus zu entnehmen sei, weil damals der Graben von unten hinauf, nicht aber von oben hinunter zugefroren wäre und die hierbei eingetretenen Umstände könnten dem ... ebensowenig zur Last gelegt werden, als man das Unglück den Behörden beimessen könnte, weil nicht früher der Weg hinter den Stadtweg geführt worden sei... [Auch sonst zeigten sich die beiden Herren recht uneinsichtig und bestritten alle Vorwürfe.] Ihr Fazit in dieser Sache lautete: „Überhaupt glaube man, dass Großherzogliche Kammer über die ganze Sache gar nichts gesagt haben würde, wenn alles gehörig vorgestellt worden wäre."

Nachdem am nächsten Tag der Hoffischer Sixt August Bonewitz gehört worden war, der allerdings das Schleifen[20] des Mühlgrabens als besonders schädlich durch die Erhöhung des Wasserspiegels darstellte, die durch die Ablagerungen im Grabenbett zustande kämen. Er gab zu, dass er außer einer Abgabe für seine im Graben eingesetzten Fischkästen nichts beitrage. Er machte das kalte Hörselwasser für das Einfrieren des Grabens verantwortlich, das sich vom Grund aus auf die oberen Wasserschichten auswirke.

Nun wurden auch die Obermeister des Tuchmacherhandwerks gehört und gaben zu Protokoll, dass sie lediglich wegen der Fischereigerechtigkeit am Mühlgraben interessiert seien. Vormals seien sie Mühlenbesitzer gewesen und als solche auch Wassermeister geworden. Seitdem das Tuchmacherhandwerk keine Mühlen mehr besitze, wären sie auch nicht mehr für das Grabenfegen verantwortlich.

Der für den nächsten Tag geladene Zimmermann und Mühlenbaumeister Abel Krug erklärte, dass er das Grabenfegen nicht für schädlich halte, was er auch aus anderen Gegenden wisse, namentlich aus Erfurt, wo der Fluss doch bedeutender als hier sei. Auch könne das Flussbett nicht erhöht worden sein, denn wäre dies der Fall, so würde das Wasser oben über das Streichwehr, das schon vor langer Zeit gebaut worden sei und genau nach dem Wasserstand berechnet sei, hinweggehen, und dann hätten die Mühlen unten das vollständige Wasser nicht,

---

[20] Beim Schleifen der Mühlgräben wurde nur deren Untergrund geglättet, was dazu führte, dass erneut Ausschwemmungen entstanden und/oder das Treibgut im Grabenbett nur weiter kanalabwärts transportiert wurde. Auf jeden Fall aber reduzierte sich die Wassermenge im Graben, was sich auf die Betriebsfähigkeit der Mühlen negativ auswirkte, da sich das Treibgut auch vor den Fachbäumen der Mühlen absetzte.

was doch noch nicht gefehlt habe. Auch alle anderen Fragen der Kommission beantwortete der Befragte und wurde entlassen.
Für den 12. Mai 1817 erschien der mündlich vorgeladene Herrenmüller Josua Heinrich Kaiser und gab zu Protokoll: „Am besten wäre es, wenn der Mühlgraben wie vormals geschehen sei, gefegt würde, weil dadurch der Kies und Schlamm bis auf den Grund weggeräumt würde. Nicht so gut wäre das Schleifen des Mühlgrabens, denn dadurch werde der Grund nicht gefegt sondern nur gleich gemacht. Er vertrat die Meinung, dass zunächst Schleifen und nachfolgendes Fegen die beste Lösung des Problems sei.
Im weiteren Verlauf der Untersuchung wurde eine Vermessung der Grabenbreite von der Rasenmühle bis zum amrigen Wasser durchgeführt, die folgendes Ergebnis erbrachte.
Bei A. [Rasenmühle] war der Graben 37 Schuh breit; von F. [Spicke] nach B. [amriger Rasen] 32 Fuß. Damit war er schmaler als gewünscht.
Damit schließt die Akte, allerdings ohne einen Beschluss gefasst zu haben.

Der Müller stellte in seiner Mühle Mehl und Schrot für die Ernährung her. Ein Mahlzwang [er bestand bis zum 1. Januar 1873] wies den Bauern ihre zuständige Mühle zu. Dem Müller stand als Lohn die Metze zu, ein Sechzehntel je Scheffel des angelieferten Getreides. Die Bauern unterstellten ihm nicht ganz unbegründet, oft zu seinen Gunsten falsch zu messen.
Doch nicht jede Familie war in der Lage für ihre zumeist zahlreichen Mitglieder Mehl oder Schrot mit Handmühlen in ausreichender Menge herzustellen, daher bediente man sich des Müllers, der zwar schlecht beleumundet, jedoch in der Lage war, Mehl und Schrot in genügender Menge zu liefern, da er mit seiner Mühle über die Voraussetzung dazu verfügte.

Eisenach 1857. Aufgenommen von „von Grävenitz", Pr. Lt. im 10. Husaren Regiment, Blatt Eisenach Nr. 2928 (Auszug). Topographisches Feldoriginal der Preußischen Meßtischaufnahme.

Die Mühlen an der Nesse

Neue Mühle

Die Neue Mühle, am linken Nesseufer an der Trenkelhofer Straße unterhalb der heutigen Hofferbertaue gelegen, wurde 1730 von Herzog Wilhelm Heinrich und seiner Gemahlin Anna Sophie Charlotte erbaut. Diese verkauften die Neue Mühle 1735 an Hieronymus Hetzer. Sie besaß damals drei Mahlgänge.
Eine verschollene Akte berichtete vom gegen den Müller der Neuen Mühle ausgesprochenen Verbot des Fischens in der Nesse. Ebenso verschwunden ist ein Bericht aus dem Jahr 1752, der vom Ausbau der Mühle, deren Verkauf sowie dem neu festgesetzten Lehngeld berichtete.
Die Mühle gelangte in die Hände der Müllerfamilie Vogt, 1758 hatte der Müller Wilhelm Voigt einen Schweinekoben errichtet, für dessen dafür erforderliches Land nun die Entrichtung des Erbzinses fällig wurde. 1836 wurde wiederum ein Glied der Familie mit dem Vornamen Wilhelm deren Besitzer und betrieb sie bis 1859.

Die Neue Mühle an der Trenkelhofer Straße um 1936.
Sammlung Heinz Wagner [1]

Batterie von Walzenstühlen in der Neuen Mühle, die nun die Getreidekörner zerquetschen.

Stationärer Dieselmotor der Firma Deutz in der Neuen Mühle um 1939.
Fotos: Sammlung Heinz Wagner

Getriebe einer Turbine in der Neuen Mühle.
Sammlung (2) Heinz Wagner.

Plansichter, waagerecht eingebaute Siebe in der Neuen Mühle.

1849. [A] Das Bannrecht in der Neuen Mühle[21]

Am 16. Juni 1849 erschien der Besitzer der Neuen Mühle Wilhelm Vogt vor dem Oberbürgermeister Roese und verlangte von diesem, dass das Getreide des Strafarbeitshauses in seiner Mühle gemahlen werden müsse und berief sich auf sein Privileg. Danach musste das Mahlgut angeliefert und nach der Verarbeitung auch wieder abgeholt werden. Der Stadtrat warf dem Müller vor, dass er verschwiegen hatte, dass auch er Getreide abholte und verordnete: „Wir sehen uns deshalb veranlasst Ihnen dies noch besonders bemerklich zu machen und Ihnen die Stellung eines weiteren Antrages zu überlassen, falls Sie über eine Beeinträchtigung in der bezeichneten Weise sich zu beschweren Ursache haben sollten."

Doch bereits einen Tag später, am 7. Juli 1849, erschien Vogt wieder vor dem Oberbürgermeister um einen Antrag gegen die Witwe Töpfer wegen Beeinträchtigung seines Gewerbes zu stellen. Diese lasse ihr Getreide bei dem Müller Christian Kaiser mahlen, der dieses bei der Witwe abhole. Die Witwe Töpfer gab dies zu und bemerkte auch, dass sie das Backen für das Strafarbeitshaus ausführe. Sie wolle zukünftig wieder ihr Getreide bei Vogt mahlen lassen, werde sich aber zunächst mit ihrem Sohn besprechen und dann ihre definitive Erklärung abgeben. Damit gab sich dieser zufrieden. Postalisch forderte er aber

---

[21] StaAE 10 C.XIX.W.15. Die vollständige Abschrift des Kaufvertrags ist nochmals in StaAE 10 C.XIX.W.30 f. 17 ff. enthalten.

Neue Mühle, Hofansicht mit Taubenschlag, um 1938.
Foto: Sammlung Heinz Wagner

sogleich den Stadtrat auf, gegen den Zuchthausinspektor Dr. Thon eine „Zufertigung“ zu erlassen, da derselbe das Getreide nicht in seiner Mühle mahlen lasse und letzteres bei ihm nicht abgeholt werde.
Daraufhin erschien nun der Waisenhausinspektor Dr. Thon und bemerkte, dass er bei seiner Anstellung nicht über das Bannrecht der Neuen Mühle informiert worden sei und bezweifelte, dass dieses auch auf ihn Anwendung finden muss. Er habe sich entschieden, sein Getreide auf der Pulvermühle mahlen zu lassen, die dieses abholte und das Mehl lieferte.
Nun wurde der Mühlenbesitzer der Neuen Mühle aufgefordert, das Bannrecht zu begründen und entsprechende Urkunden vorzulegen. Und so erschien am 15. April 1850 der Müller Vogt und legte die Verkaufsurkunde vom 6. April 1735 vor, in der die Prinzessin Anna Sophie Charlotte, Gemahlin des Herzogs Wilhelm Heinrich die Neue Mühle an den Rat Hieronymus Hetzer für 4000 Gulden verkauft hat. In der vom Herzog vollzogenen Urkunde finden sich die

Im Hof der Neuen Mühle nach 1939. Foto: Sammlung Heinz Wagner

Worte: „*Damit auch Käufer bei dieser von der Stadt etwas abgelegenen Mühle nun . . . einigen Zugang und Nachfrage haben mögen und Schroten in dieser Mühle verrichten zu lassen allezeit schuldig und gehalten sein, dahingegen Käufer oder künftigen Mühlen-Besitzern die Ökonomie des Trenkelhofs und Waisenhauses vor allen anderen zu fördern verbunden sein und über die gewöhnliche Abmetze zu übernehmen nicht befugt sein sollen.*“
Die folgende Vorladung nahm der Müller Vogt nicht wahr und so endet die Akte mit der Bemerkung des Oberbürgermeisters Roese am 1. Juni 1850: „Da der Neumüller Vogt auf die ergangene Ladung nicht erschienen ist und diese Angelegenheit nicht wieder in Bewegung gebracht hat, so mag dieselbe bis auf weitere Instanz beruhen.“
Dann kauften die Brüder und Bäckermeister Georg und Gottfried Heß 1860 die Mühle. In ihrem Besitz verblieb sie bis 1887. Unterdessen war der Mahlzwang am 1. Januar 1873 durch das Inkrafttreten der deutschen Gewerbeordnung beendet worden.
Nächster Eigentümer war Anton Berlet, der die Neue Mühle 1887 erwarb und 1910 an Emil Wagner veräußerte. Nun verblieb sie bis heute in der Familie, zunächst verstärkt durch einen Sohn. 1950 war Otto Wagner als der Inhaber genannt.

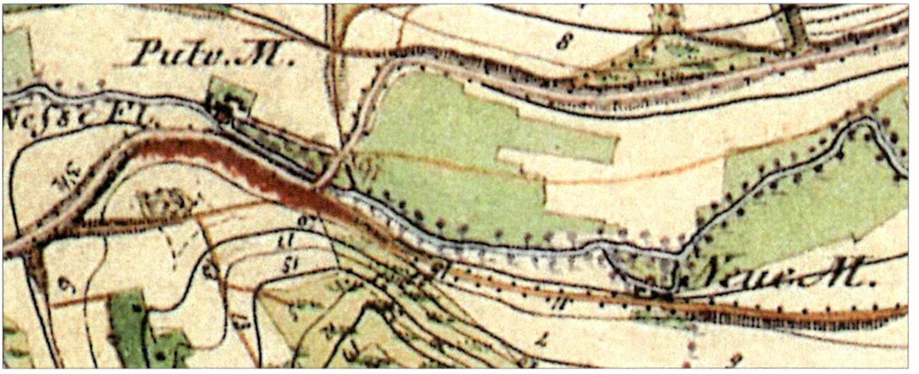

Neue Mühle und Pulver Mühle 1856. Aufgenommen von Leutnant de Leuze de Lancizolle, Blatt Wutha Nr. 2929 (Auszug). Topogr. Feldoriginal, Preuß. Meßtischaufnahme.

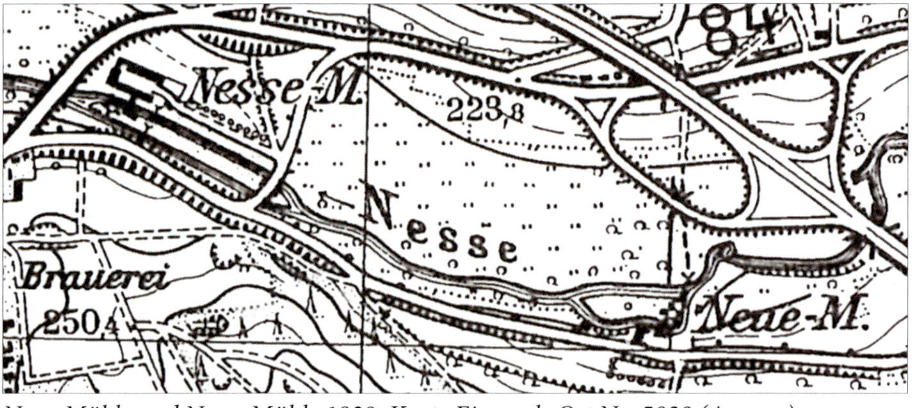

Neue Mühle und Nesse Mühle 1929. Karte Eisenach-Ost Nr. 5028 (Auszug). Herausgegeben von der Preußischen Landesaufnahme 1907.

US-Spionage-Luftbild der Neuen Nessemühle am 6.8.1944. Bildflug-Nr. 194467 Bild-Nr.4182. © GDI-Th.

Pulvermühle

Die Pulvermühle an der Nesse. Lavierte Zeichnung von August Roese aus dem Jahr 1818, der die Zeichnung allerdings „Nessemühle“ nannte, obwohl diese erst 1878 entstand. Die Zeichnung weist in nördliche Richtung; im Hintergrund glaube ich den Landgrafenberg zu erkennen. Die Nesse schien neben flachen Nachen auch für die Benutzung durch Flöße geeignet zu sein.[1]

In der südlichen Perspektive, mit der Stadt und der Wartburg im Hintergrund, zeigt sich uns die Pulvermühle vor dem aufsteigenden Petersberg. Der Kupferstich stammt aus der Sammlung Hugo Peter, ist leider unsigniert, dürfte aber um 1820 entstanden sein.[1]

Die alte Nessebrücke an der Langensalzaer Straße (Nähe Nessemühle) mit Abzweig zum Trenkelhof. Foto: Paul Hartung 19.11.1934.

Die Pulvermühle war auf dem rechten Nesseufer, gleich neben der alten Nessebrücke an der Straße nach Stockhausen gelegen, hatte zwei Mahlgänge und einen wechselnden Öl- und Walkmühlengang. Der Name stammte von früherer Pulverfabrikation. Sie war eine der älteren Eisenacher Mühlen, denn ihr Müller Peter Straub wurde bereits zur Türkensteuer im Jahr 1542 veranlagt. Im Jahr 1635 treffen wir auf den Müller Peter Gesell, der uns nun als Eigentümer der Pulvermühle entgegentritt. Eine verschollene Akte aus dem Jahr 1699 nennt uns mit Hans Deubner einen ersten Pächter.

Wilhelm Heinrich war 1736 Besitzer der Mühle; ihm folgte der Pulvermüller Rudloff, der 1737 dem Hofweißgerber Oehring und dem Kammerrat Storch das Lehngeld schuldig blieb und sich 1749 wegen einer Pachtirrung mit der Frau des Kornschreibers Rausch vor Gericht traf. Das legte den Verdacht nahe, dass Rudloff nur der Pächter, der Kornschreiber Rausch und dessen Ehefrau aber die Eigentümer der Mühle waren, wie zuvor Oehring und Storch.

Gesichert jedoch ist die Tatsache, dass ab 1779 Glieder der Familie Walther Besitzer der Pulvermühle waren und aus Stockhausen stammten, wie die Aufschrift auf der verlorenen Gerichtsakte verriet, die sich mit der Rückgabe der Mühle und der Länderei eines Michael Voigt befasst hatte. Den zu verhandelnden Widerspruch hatte Johann Melchior Walther bei Gericht ausgelöst. Ihm folgten 1834 Justinus, 1859 Friedrich und 1861 Wilhelm Walther nach. Letztmalig wurde die Mühle bei ihrem vernichtenden Brand 1876 erwähnt.

Nessemühle

In der Mühlaue, 100 Meter flussaufwärts der alten Nessebrücke, erhebt sich an der Stelle der 1876 abgebrannten Pulvermühle, die Nessemühle.

Die Besitzer, Georg Christian Wilhelm Wölker und Friedrich Wilhelm Hilmar Girbardt, hatten die Mahl- und Walkmühle 1887 neu erbaut. Im Jahr 1908 wurde die „Nesse-Mühle Woelker & Girbardt" umgebaut und mit Plansichtern aus der Braunschweiger Firma Amme, Giesecke & Konegen ausgestattet.

Nessemühle 1908. Werbefoto der Braunschweiger Firma Amme, Giesecke & Konegen.

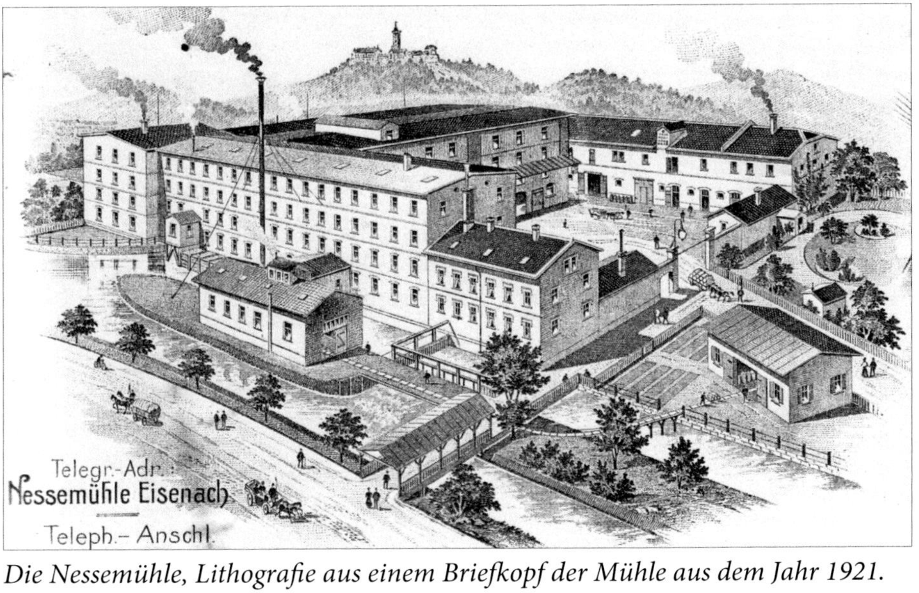

Die Nessemühle, Lithografie aus einem Briefkopf der Mühle aus dem Jahr 1921.

Die Nessemühle wurde am 7. September 1919 durch ein Großfeuer zerstört:[22]
„Ein in der 7. Morgenstunde im Westflügel der Nessemühle ausbrechendes Feuer verbreitete sich mit großer Schnelligkeit auch auf den Südflügel aus und zerstörte innerhalb von 2 Stunden das gesamte große Mühlengebäude. Dem Großfeuer fielen ca. 4000 Zentner Mehl zum Opfer, welches für die Stadt Eisenach bestimmt war. Es gelang das Wohnhaus und das Maschinenhaus vor dem verheerenden Element zu schützen. An dem Rettungswerk beteiligten sich Leute vom Petersberg, Palmental, die Feuerwehr, die Polizei, Mannschaften des Panzerzuges und Landesjägercorps und der Einwohnerwehr.
Kurz nach 7 Uhr bemerkten auf dem Feld Arbeitende, dass die Mühle brannte; um 9 Uhr war das gesamte Mühlengebäude ein Flammenmeer. Erste Hilfe leisteten Leute vom Palmental und Petersberg. Um ½ 8 Uhr waren Feuerwehr, Polizei und Militär alarmiert worden. Um 8 Uhr entsandte auch die Wartburg ihren 3-fach donnernden Alarmsalut.
Als die Feuerwehr auf dem Plan erschien konnte sie nur noch die benachbarten Gebäude schützen sowie die schon eingebrachte Ernte. Unter der Leitung des Branddirektor Herbarth und der Brandmeister Jahn und Looß gingen sie dem Element zu Leibe mit dem Erfolg, dass oben genannte Gebäude und ein großer Posten Getreide gerettet werden konnte. In der 10. Stunde war das Mühlengebäude ausgebrannt. Die Mauern der Giebel und Seitenwände ragten hier und dort noch 2 und 4 stockwerkhoch empor. Man beschloss, um der Einsturzgefahr des Westflügels zu begegnen, die stehengebliebenen Mauern niederzulegen. Die Landjäger traten in Aktion und fuhren einen kleinen Minenwerfer auf. Minen knallten in das Mauerwerk, das aber in keiner Weise reagierte. Auch eine große Mine hatte keinen Erfolg, ebenso wenig ein Bündel Handgranaten. Vorzüglich hatte sich neben den unbeugsamen Brandmauern auch der hohe Röhrenschornstein gehalten, der sich zwar bei der ungeheuren Hitze stark gekrümmt hatte, aber im Laufe des Nachmittags wieder eine gerade Haltung annahm. Um 10 Uhr war der Bürgermeister Dr. Janson auf der Brandstätte erschienen und der wackeren Feuerwehr, die mit 3 Spritzen den Kampf gegen das Feuer aufgenommen hatte, den Dank der Stadt ausgesprochen. Auch die Hilfsspritze aus Stockhausen fand verdiente Anerkennung. Der Besitzer der Nessemühle, Herr Arno Wilhelm, war verreist, so dass der Brand unter ähnlichen Begleitumständen vor sich ging wie das Feuer der Reinemannschen Mühle am 9. Juni 1918.“
Arno Wilhelm baute die Mahlmühle 1920 wieder auf.

Nach dem 2. Weltkrieg übernahm Dr. Peter Wilhelm 1945 die Mühle und blieb auch nach der Umwandlung in einen VEB im Jahr 1972 ihr Betriebsdirektor. Nach der politischen Wende führte sie Wilhelm ab 1993 als ökologisches Kleinkraftwerk weiter. Noch heute ist die Nessemühle in Privatbesitz, ohne jedoch ihrem Namen gerecht zu werden.

---

[22] Kirchenchronik von Großenlupnitz (Auszug)

Am Wehr bei der Nessemühle. Dia von Hugo Richardt aus dem Jahr 1938.

US-Spionage-Luftbild der Nessemühle am 6.8.1944.
Bildflug-Nr. 194467 Bild-Nr.4182. © GDI-Th.

Walzenstühle, die das Zerquetschen des Getreides anstatt des früher üblichen Zermahlens zwischen zwei Mühlsteinen übernahm. Foto: Alfred Kirsten, 2002.

Sechskantsichter in der Nessemühle. Hier wurde das Sichten (Sieben) des Mahlgutes in leicht geneigten Sechskanttrommeln vorgenommen, wobei das feine Mehl durch das Sieb auf den Boden des Sichters fällt, wo eine Förderschnecke das Mehl mischt und gleichzeitig zum Absackstutzen befördert. Foto: Alfred Kirsten, 2002.

Eine ganze Batterie von Walzenstühlen in der Nessemühle, die über Transmissionsriemen angetrieben wurden. Foto: Alfred Kirsten, 2002.

Vierseitige Zweitastenplansichter in der Nessemühle. In jedem Plansichter befinden sich mehrere Sichtabteile mit Siebstapeln, die je nach Bauart 8–15 Siebe enthalten. Die Siebe in einem Siebstapel haben unterschiedliche Maschenweiten (ca. 100 µm - ca. 1000 µm), so dass eine Trennung in Mehl, Dunst, Grieß und grobe Schalenteile erfolgen kann. Foto: Alfred Kirsten, 2002.

Nessemühle am 9.5.2022, Bildflug-Nr. 202214, Bild-Nr. 0675. © GDI-Th.

Neue Nessemühle am 9.5.2022, Bildflug-Nr. 202214, Bild-Nr.0673. © GDI-Th.

Hörsel- oder Stadtmühlgraben

Die Papiermühle am Rothenhof

Überall im deutschen Sprachraum blühten, zunächst in den Universitätsstädten, der Buchdruck, die Papierherstellung, der Buchhandel und das Verlagswesen auf, denn hier wurden diese Handwerksleistungen benötigt. Doch auch die fürstlichen und städtischen Behörden benötigten in zunehmendem Maße Papier als Beschreibstoff in ihren Kanzleien. Diesen deckten die Papiermühlen durch eigene „Papierführer" ab, denen die Papiermacher ihre Sortimente zum Verkauf anvertrauten. Bei den Papierführern; wir würden sie heute Papierhändler nennen, deckte auch der Eisenacher Rat alljährlich seinen Bedarf. Belegt ist dies in den Stadtrechnungen von 1630, als die städtische Verwaltung Papier der Papiermühlen Ohrdruf, Fambach und Schweina ankaufte.
Durch die Abnahme einer ausreichenden Menge von Schreibpapier für seine Verwaltung schien das kleine Fürstentum und seine Residenz geeignet zu sein, einem Papiermacher am Ort ein Auskommen zu sichern.

Blei-Mühle und Papier-Mühle 1856 in Rothenhof. Aufgenommen von Leutnant de Leuze de Lancizolle, Blatt Wutha Nr. 2929 (Auszug).
Topogr. Feldoriginal, Preuß. Meßtischaufnahme.

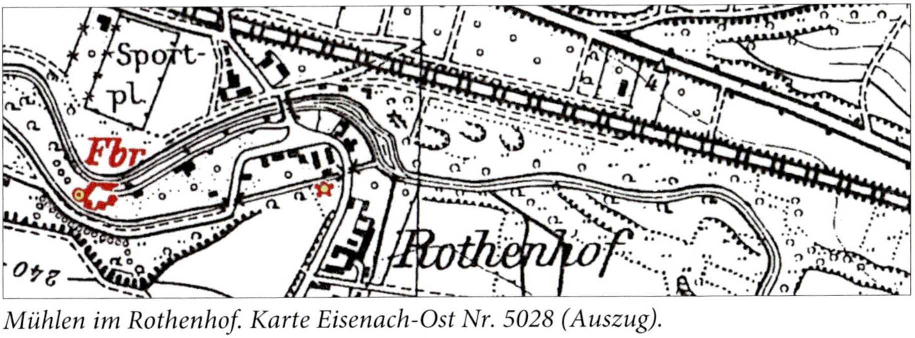

Mühlen im Rothenhof. Karte Eisenach-Ost Nr. 5028 (Auszug).
Herausgegeben von der Preußischen Landesaufnahme 1907.

Und so erhielt im Jahr 1736 der Papiermacher Johann Heinrich Zeiß kostenlos von der Herrschaft den Platz zum Bau einer Papiermühle angewiesen, dagegen er sich „. . . *zu denen Collegiis das Papier wohlfeiler als sonst zu liefern obligieret.*"[23] Zeiß stammte aus der Kaltensundheimer Papiermühle, die seit 1716 von seinem Vater Hans betrieben wurde. Dort wurde Johann Heinrich am 3. März 1693 geboren.

Das Eisenacher Bürgerbuch meldete:

„Johann Heinrich Zeiß, Papiermacher von Kaltensunden [Kaltensundheim] bürtig, nebst seinem Weibe Catharina Elisabetha und 3 Kinder, Margaretha Elisabetha, Ernestine Elisabetha und Eva Gertrude werden als Bürger aufgenommen den 22. Mai 1737."[24]

Eine der drei Töchter wurde im Jahr 1739 hier beigesetzt; es handelte sich wohl um Ernestine Elisabetha, da die beiden anderen Schwestern später heirateten.

Die Bemühungen des Eisenacher Herzogshauses, in seiner Residenzstadt eine Papiermühle anzusiedeln, scheinen bereits zuvor aufgenommen worden zu sein, denn Herzog Wilhelm Heinrich hatte schon am 10. Januar des Jahres 1736 ein Privileg zum Lumpensammeln ausgestellt, das einen Papiermacher über 3 Jahre hinweg mit diesem Recht ausstattete. Natürlich wissen wir, dass in dem kleinen Herzogtum bereits vorher Lumpensammler unterwegs waren, um beispielsweise die Wuthaer Papiermühle, die bereits seit 1660 Papier herstellte, mit Lumpen zu versorgen.

Um seine Produktion mit den nötigen Rohstoffen versorgen zu können, hatte auch Zeiß 1740 eine solche Konzession erkauft (siehe unten).

Das Lumpensammeln übernahm der Papiermacher aber nicht selbst, sondern übertrug als Pächter des fürstlichen Privilegs Genehmigungen an Lumpensammler, die mit von Hunden gezogenen Handwagen in genau abgegrenzten Territorien umherzogen und diese Tätigkeit ausübten und die gesammelten Lumpen zur Papiermühle transportierten.

Die neue Papiermühle des Papiermachers Zeiß auf dem Gänserasen am Rothenhof, wo ein extra dazu angelegter Mühlgraben von dem Flüsschen Hörsel abzweigte, war 1741 noch nicht völlig ausgebaut und hatte nur 1 Wasserrad.[25] Zeiß war Eigentümer und hatte 6 Jahre Steuerfreiheit. Er lieferte als jährlichen Erbzins an die fürstliche Rentkammer:

4 Ries Postpapier [1 Ries = 500 Bogen]
2 Ries Mittelpapier
2 Ries Konzeptpapier.

Ein Streit des Zeiß, zunächst zwischen diesem und der „gemeinen Stadt" wegen einer Grenz-Strittigkeit, dann zwischen Zeiß und dem Handelsmann Johann

[23] Schmidt, Frieder: Besitzerfolgen von Papiermühlen in Thüringen.

[24] Stadtarchiv Eisenach, Bestand 21.3 Nr. 3. Bürgerbuch von Eisenach 1724–1781, S. 39.

[25] StA Weimar. Eisenacher Polizeisachen Nr. 48, Bl. 330 und 331.

Lumpensammelprivileg von 1740*

Des Durchlauchtigsten Fürsten und Herrn, Herrn Wilhelm Henrichs Herzogs zu Sachsen, Jülich, Cleve und Berg – auch Engern und Westphalen, Landgrafen in Thüringen, Marggrafen zu Meißen, gefürsteten Grafen zu Henneberg, Grafen zu der Mark und Ravensberg, auch Sayn und Wittgenstein, Herrn zu Ravenstein, Unseres gnädigsten Fürsten und Herrn, Wir zu Sr. Hochfürstl Durchl. Rent Cammer verordnete Präsident, Direktor, Räthe und Land- Rentmeister, Uhrkunden und bekennen hiermit: Was maßen auch beschehenes gehorsamstes Ansuchen Johann Heinrich Zeißens, Pappier Müllers zum Rothenhof, das Lumpensamlen in dem Ober Amte Eisenach, in dem Amte Creutzburg und in dem Amte Gerstungen und Hauß Breitenbach Drey Jahr lang cum jure prohibendi dergestalt verstattet worden, dass hinkünftig, als von abgewichenen Ostern biß dahin 1743 ihme alleine in besagten Aemtern das Lumpensamlen concediret, sonsten aber Niemander dergleichen zu Thun erlaubet seyn soll. Dagegen er vor diese Conceßion und Gerechtigkeit alljährlich und zwar
Von dem Ober Amte Eisenach Drey rthlr.
Von dem Ober Amte Creutzburg Drey rthlr.
Von dem Amte Gerstungen und Haußbreitenbach – Sechs rthlr.
In Summa 12 Reichsthaler, iedesmal immediate anhero zur Fürstl. Cammer richtig zu bezahlen versprochen.
Uhrkundlich ist dieser Contract und resp. Conceßion in duplo gleichlautend ausgefertiget, das eine Exemplar von Fürstl. Cammer mittelst gewöhnlicher Unterschrift und vorgedruckten Fürstl. Cammer Insiegels vollzogen, das andere aber von Pachtern unterschrieben, besiegelt und also gegeneinander ausgewechselt worden. So geschehen

Eisenach, den 18.ten Jun. 1740
Gez. Unterschrift:
Johann Heinrich Zeiß
Pappier Macher

*) DBSM, Wasserzeichensammlung, II 392, Historische Notizen (maschinenschriftliche Abschrift).

Christoph Schmidt sowie der örtlichen Triftgenossenschaft ist uns aus dem Jahr 1744 überliefert[26]. Man stritt um das Fischereirecht in dem Mühlgraben, die Triftgenossen um die angrenzenden Hutflächen. Schmidt, dessen Grundstück an das der Papiermühle grenzte, beanspruchte auch die den Wasserlauf flankierenden Weiden, die der Papiermacher zum Teil mit einem Zaun eingeschlossen und die Bäume durch Erhöhung des Wasserlaufs derart unter Wasser gesetzt hatte, dass diese von der Flut mitgerissen und die Ufer in Mitleidenschaft gezo-

---

26 StAE, C.I.c.6

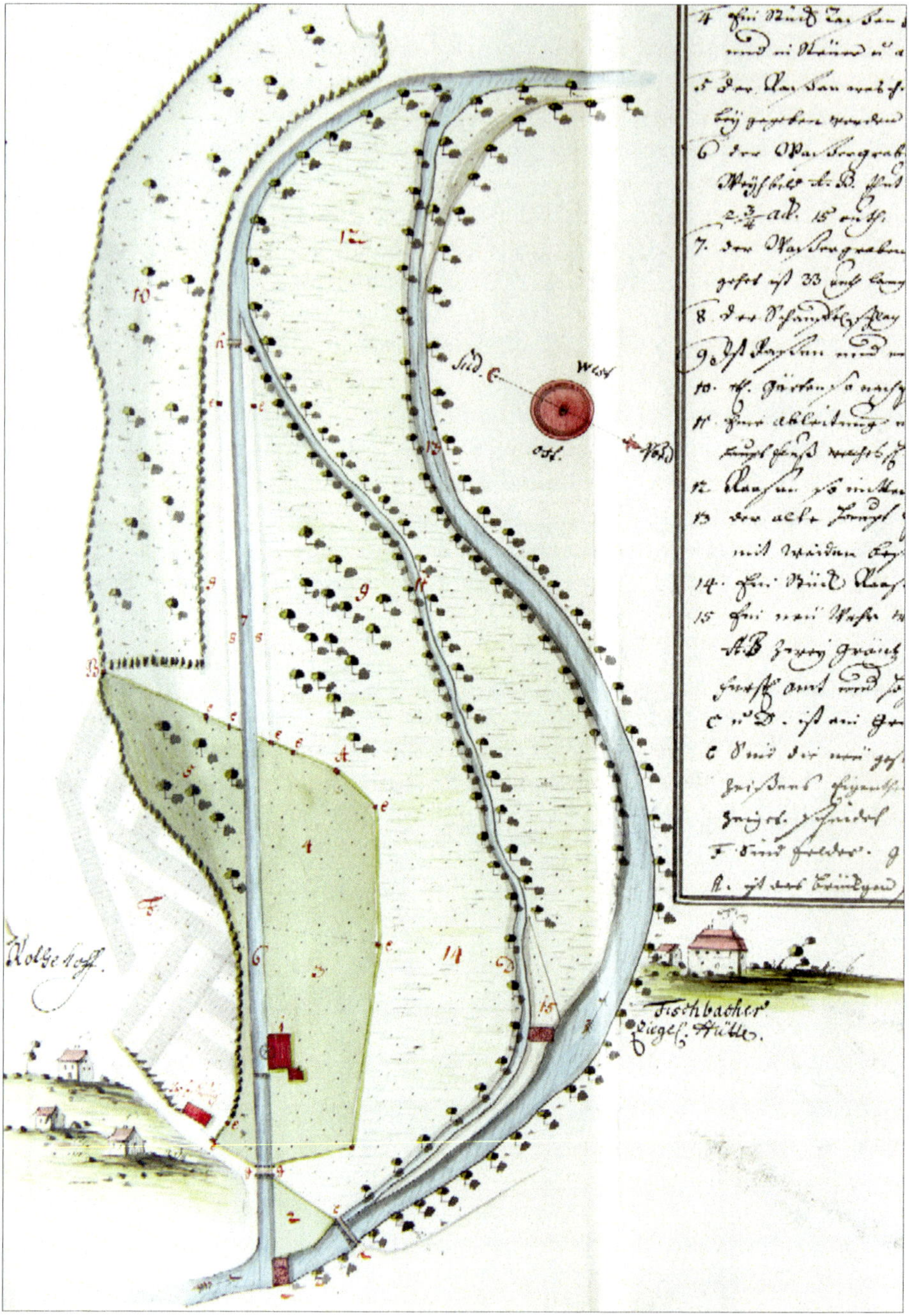

Delineatio (Abgrenzung) der neuen Papiermühle und anliegenden Dinge. Die Zeichnung entstammt der Akte C.I.c.6 des Stadtarchivs Eisenach, die den Titel „Gränz-Strittigkeit zwischen der gemeinen Stadt und der Papiermühle am Rotenhof in Eisenach 1744–1747" trägt.

gen wurden. Schmidt beklagte, dass er die Ufer nun wieder habe befestigen müssen. Auch nutze Zeiß einen Teil seines Gartens zum Trocknen von Pappen, während die Triftgenossen bemängelten, dass dieser ihre Hutflächen durch den Schaufelschlag (Schutt, der beim Beräumen des Wasserlaufs ans Ufer geworfen wird) nutze und diesen nicht abtransportiere. Durch die Versteinung der betreffenden Flächen sollte nun Abhilfe geschaffen werden.
Die Korrespondenz zog sich über drei Jahre hin; allein, es war nur ein Grenzstein gesetzt worden.

Erklärung derer rothen Zahlen und Buchstaben in diesem nebenstehenden Plan:

No. 1 ist der Platz wo die Papiermühle steht
2. Ein Fleckchen Garten welches der Papiermacher Zeiß von denen Rothenhöfern erkauft
3. Was ihm im Anfang an Rasen zugemessen worden . . .
4. Ein Stück Rasen zum Pappen trocknen ist zum Anschlag und in Steuer partou Erbzins gebracht
5. Der Rasen welcher von Fürstl. Rentamt auch anfänglich beigegeben worden
6. Der Wassergraben welcher vom Brückchen E bis ans Weichbild A. B. tut 37 Ruthen halten
7. Der Wassergraben so durchs Weichbild od. Hochf. Rats Bezirk geht
8. Der Schaufelschlag ist auf jeder Seite 1 Ruthe breit
9. Ist Rasen und ein Platz Weiden Stämme im Weichbild
10. Gärten, so nach Eisenach und Fischbach gehören
11. Eine Ableitung eines Teils Wasser aus dem großen Hauptfluss, welche Herr Rat Schmidt fischt
12. Rasen so mitten zwischen den Strömen liegt
13. Der alte Hauptfluss welcher nebst dem neuen mit Weiden besetzt ist
14. Ein Stück Rasen und Sand
15. Ein neu Wehr, welches Herr Schmidt erbaut

A.B. Zwei Grenzsteine 1670 zwischen dem Fürstlichen Amt und dem Hochedlen Stadtrat
C. und D. ist ein Graben von Herrn Schmidt erbaut
E. sind die neu gesetzten Steine so des Papiermachers Zeißens Eigentum wie die grüne Linie im Riss zeiget, scheidet
F. Sind Felder.
G. ist die Brücke nach dem Rothen Hof
H. ist das Brückchen so der Papiermacher bauen muss.

Am 02. Februar 1748 starb Zeiß in Eisenach, seine Frau am 5. Juni gleichen Jahres. Ein Jahr später, am 13. Februar 1749 heiratete der Papiermacher Johann Georg Stoltz[e] aus Röllshausen die Jungfrau Margaretha Elisabeth Zeissin, die älteste Tochter des Johann Heinrich Zeiß, deren erster Vorname jedoch nicht mit der Eintragung im Bürgerbuch übereinstimmt. Stoltze hatte sich also durch Einheirat in die Familie Zeiß eine Existenz geschaffen. Fünf Tage später wurde „Johann Georg Stoltz[e] aus [ich lese Relshausen, heute Röllshausen], Papiermüller, den 18. Februar 1749“[27] Bürger zu Eisenach. Ihm gleich tat dies am 1. März 1749 die Jungfer Christiane Elisabetha Zeißin (vielleicht eine Schwester des Zeiß).
Der Ehe entstammten vier Kinder, die alle in Eisenach zur Welt kamen:
Johann Adam, *09.09.1756 (Taufpate war Adam Trautvetter, ein Eisenacher Perückenmacher)
Johanna Christiana, *22.10.1758 (Sie wurde 84 jährig am 9.11.1842 hier begraben)
Georg Andreas, *15.02.1761, † 26.10.1762 (Pate war der privilegierte Hofbuchdrucker Georg Andreas Meyer) und
Johann Andreas, *28.08.1763.
Wie auch sein Vorgänger Zeiß hatte der Papiermacher Johann Georg Stol[t]ze 1759 verschiedene Ämter wegen des Lumpensammelns gepachtet[28].
Während des „Siebenjährigen Krieges“ hatte das kleine Herzogtum Eisenach mehrfach unter den Kriegslasten zu leiden. So waren Spanndienste zu verrichten; es mussten Fouragelieferungen an die Reichsarmee und die französische Armee durch die Rothenhöfer Untertanen geleistet werden und es kam auch zu Plünderungen durch die Reichstruppen[29].
Belegt ist ein Gesuch des Papiermachers Johann Georg Stoltz[30], inzwischen war das „e“ am Ende seines Namens weggefallen, der 1758 ein Gesuch um Befreiung von Fouragelieferungen nach dem Magazin Hischfeld an seinen Herzog richtete. Da sich der Schriftwechsel, wenn es überhaupt einer war, über drei Jahre hinzog, ist eher davon auszugehen, dass er zum Bittmonolog eines Handwerkers wurde, der noch ein Jahr vor seinem Tod die Einquartierung von zwei preußischen Husaren in seiner Mühle erleben musste[31]. Er wurde am 7. Februar 1764 in Eisenach begraben.
Die Pflicht, Einquartierungen ertragen zu müssen, hatten laut hochfürstlichen obervormundschaftlichen gnädigsten Befehls [Herzogin Anna Amalias] alle

[27] Stadtarchiv Eisenach, Bestand 21.3 Nr. 3. Bürgerbuch von Eisenach 1724–1781, S. 77

[28] Nicht näher bezeichnete Mühlhäuser Akten.

[29] LATh – HstA Weimar, Archivalien-Signatur 2234, 2494, 2495, 2523, 3054

[30] LATh – HstA Weimar, Archivalien-Signatur 2461

[31] LATh – HstA Weimar, Archivalien-Signatur 2054

Bürger Eisenachs hinzunehmen, die im vorhergegangenen Jahr Grundstücke erworben hatten. Und da Stoltz Grundstücke von dem Metzger Scheider und dem Kaufmann Cramer erworben hatte, verfiel er nun diesem fürstlichen Mandat.

Sein 1763 geborener Sohn Johann Andreas lebte weiter in Eisenach; seiner Familie starben hier in wenigen Jahren drei Kinder hinweg. So wurde am 17. November 1797 sein jüngster Sohn Johann Wilhelm begraben; am 15. März 1799 ein totgeborenes Wochenkind ebenso wie am 9. Januar 1800 ein weiteres Wochenkind[32].

Seines Vaters Witwe Maria Elisabetha Margaretha heiratete am 6. Juli 1769 den Papiermacher Johann Christian Koch. Nun wurde „Johann Christian Koch, ältester Sohn des Erfurter Metzgermeisters Wolfgang Heinrich Koch, Papiermacher auf dem rothen Hoff bey Fischbach, den 7. Dec. 1769“[33] Bürger zu Eisenach. Seine Frau starb am 22. März 1803 im Alter von 76 Jahren und hinterließ dem Witwer sechs Kinder aus ihrer ersten und zwei aus der zweiten Ehe. Koch folgte seiner Frau vier Jahre später im Tode nach und wurde am 14. März 1807 auf dem alten Friedhof begraben[34].

Der ersten Ehe entstammte der einzige Sohn des kunsterfahrenen Papiermüllers zu Rothenhof, getauft am 28. Juni 1770[35], der wie sein Vater die Vornamen Johann Christian trug. Dieser heiratete am 25. Oktober 1796 Maria Barbara, Tochter des Eisenacher Müllermeisters Johann Christoph Vogt.

Der Ehe entstammten ebenfalls acht Kinder:

Elisabeth Christine Marie * 22.08.1797
Anna Regina Christiana * 20.06.1800
Maria Christiana Henriette * 06.10.1801
Georg Bernhard Christian * 21.03.1803 † 25.10.1803
Johann Wilhelm Justinus * 03.04.1805
Johann Christoph * 10.09.1807; † 26.08.1808
Georg Christian * 06.02.1809; † 12.07.1878
Johann Christoph * 25.10.1811; † 03.05.1816 (ertrunken).

1810 wurde der Erbzins, der auf der Papiermühle lastete, von Amts wegen erhöht.

Johann Christian Koch, der Vater der Kinder, starb 50jährig am 22. August 1820. Der Witwe Maria Barbara, die des Schreibens nicht kundig war, wurde von Amts wegen ein Vormund an die Seite gestellt, um die Geschäfte der Papiermühle weiterführen zu können.[36]

---

[32] Stadtarchiv Eisenach, Friedhofsbuch 17, S. 33, 69.

[33] Stadtarchiv Eisenach, Bestand 21.3 Nr. 3. Bürgerbuch von Eisenach 1724–1781, S. 17

[34] Stadtarchiv Eisenach, Friedhofsbuch 17, S. 276

[35] Kirchenbuch Eisenach 1770, Taufen

[36] Eisenacher Kreisblatt vom 1. April 1822

Weiter hören wir im Jahre 1821 von der Papiermühle: „Der Rothehof hat eine Papiermühle, und ist nach Eisenach eingepfarrt."[37]
Als die fürstliche Verwaltung 1823 die Vergabe des Lumpensammelprivilegs erneut ausschrieb, ließ die Witwe Maria Barbara Koch dagegen Einspruch erheben, indem sie sich auf das Privileg aus dem Jahr 1736 berief. Ihr Vormund hatte wohl übersehen, dass das Schriftstück seine Gültigkeit bereits über achtzig Jahre verloren hatte. Durch die gesetzliche Neuregelung wurden die Sammelgebiete der Lumpensammler kleiner und es entstand eine Konkurrenzsituation zwischen der Eisenacher und der bereits über 70 Jahre länger bestehenden Wuthaer Papiermühle. Im Ergebnis des Streites teilten beide Papiermacher sich nun das Sammelgebiet.
Bis zum Jahre 1836 bestand am Rothenhof nur das Triebwerk der Papiermühle an dem künstlich angelegten Mühlgraben. Durch Vertrag vom 30. Juli 1836 zwischen Fabrikbesitzer Gustav Dietel, der die Anlage einer Bleiweißfabrik plante und Papiermacher Georg Christian Koch, der nun die Geschäfte von seiner Mutter übernommen hatte, erwarb Dietel das Recht, unterhalb der Papiermühle ein neues Triebwerk an dem Hörselmühlgraben anzulegen. Die Unterhaltspflicht an Wehr und Mühlgraben hatte bis dahin zweifellos die Papiermühle.[38]
1838 weigerte sich die Wuthaer Papiermühle in Person von Philippine Kritz die fälligen Gebühren des Lumpensammelprivilegs an die fürstliche Verwaltung zu zahlen. Zudem hatten unerlaubt zwei Bürger, Johannes Wagner und seine Schwiegermutter Friederike Wilhelmine Böttger, gegen das Verbot des Lumpensammelns verstoßen und wurden jeweils mit einer Geldstrafe belegt. Da die Böttger diese nicht zahlen konnte, landete sie für zwei Tage im Nikolaitorturm.
Für die seit dem 13. Dezember 1849 zum Verkauf ausgebotene Papiermühle wurde für den 16. Mai 1850 ein neuer Termin anberaumt. Noch 1850 ersteigerte Georg Christian Koch für zwölf Jahre das Lumpensammel-Privileg für die Amtsbezirke Eisenach, Creuzburg und Gerstungen mit Hausbeitenbach. Die anderen Landorte des Herzogtums bereiste seit 1843 ein Lumpensammler namens Johann Wagner; vielleicht der Johann[es] Wagner, der wegen unerlaubten Lumpensammelns bereits straffällig geworden war.
Am 18. März 1851 trat ein Papiermachergeselle namens Wilhelm Koch ins Licht der Öffentlichkeit, der zuvor niemals genannt wurde. Vielleicht ein Enkel der Maria Barbara Koch, der wegen seiner desolaten (dißoluten) Lebensweise „für einen Verschwender erklärt und der eigenen Verwaltung seines Vermögens enthoben worden" war. Ihm wurde daraufhin mit dem Eichrodter Bürger

[37] Mey, Johann Heinrich: Vaterlandskunde oder historisch-topographisch-statistische Bemerkungen über die Stadt Eisenach und ihre nächsten Umgebungen, nach einer hierzu entworfenen Tabelle des ganzen Fürstenthums. Eisenach 1821, S. 200.

[38] Stadtarchiv Eisenach, 11-921 E (108), S. 1

Ludwig Schröder ein Vormund bestellt, der die rechtsverbindlichen Geschäfte des Koch abwickelte.[39]
Aber später (lt. Kaufvertrag v. 6.11.1851) ging die Papiermühle der Familie Koch in die Hände von Tobias Ernst Eduard Schulz und dessen Ehefrau Christiane Auguste geb. Seitel aus Tennstedt über.[40]
Zu dieser Zeit besaß die Mühle ein Holländerrad und ein Geschirrrad, sowie ein Freigerinne.
Der Papiermacher Georg Christian Koch lebte weiter in Eisenach und heiratete am 14.7.1857 Auguste Knapp.
Für den 29.11.1854 berichtet das Friedhofsbuch der Stadt vom Begräbnis der Maria Henrietta Koch, der einzigen Tochter des Papiermachers Ernst Christian Koch, die ja eigentlich die zweitgeborene war. Vielleicht war die älteste Tochter Elisabeth Christine Marie (*22.08.1797) aus dem Kreis der Familie ausgeschieden oder aber verstorben.
„Gestern Abend, von 7 Uhr an, ist ein Theil der Papiermühle zu Rothenhof abgebrannt. Alarmschüsse von der Wartburg sind nicht gehört worden.“[41], lautete am 25. September 1861 eine Meldung im Eisenacher Kreisblatt.
„Für die, bei dem am Abend des 24. d. M. uns betroffenen Brandunglücke, uns so eifrig geleistete Hülfe, namentlich den Bewohnern von Fischbach und Rothenhof, die so rasch und aufopfernd uns zur Seite standen und dadurch das Weiterumsichgreifen des Feuers verhinderten, ferner auch den Spritzenmannschaften von Eichrodt, Schönau, Kahlenberg, Kälberfeld, Farnroda und Eisenach, sagen wir hiermit unsern tiefgefühltesten Dank. Die Familie Schulz zu Rothenhof.“[42], war danach zu lesen.
1887 wurde Frau Ida Schulz, Papiermühlenbesitzerin und Bürgermeisterseheفrau als Patin genannt[43].
Eintrag im Adressbuch der Papier-Industrie Deutschlands:
„1888–1914. Eduard Schulz, Papierfabrik, Pappenfabrik; 1914 waren 4 Arbeiter tätig mit einer Betriebskraft von 6 PS Dampf und 12 PS Wasser und 1 Rundsiebmaschine, 1,2 m. Täglich wurden 300 kg lufttrockene Packpapiere, Aktendeckel, grau und gefärbte Packpappe und Buchbinderpappe hergestellt“.[44]

---

[39] Großherzoglich S. Weimar-Eisenachisches Wochenblatt auf das Jahr 1851, S. 202.

[40] Stadtarchiv Eisenach, 11-921 E (108), S. 1

[41] Eisenacher Kreisblatt vom 24.9.1861, S. 776

[42] Ebd. S. 785

[43] Patenbuch der Nicolaikirche Eisenach von 1887/88.

[44] Adressbuch der Papier-Industrie Deutschlands und der Schweiz: offizielles Handbuch für den Dt. Papiergroßhändler-Verb., Berlin: Birkner. Jg. 1914, S. 218.

Schulz hatte demzufolge inzwischen eine Dampfmaschine angeschafft, gab jedoch 1914 die Pappenproduktion auf. Die Zeit des handgeschöpften Papiers war ohnehin längst vorbei. Rundsiebmaschinen erledigten nun den aufwändigen Schöpfprozess mit der anschließenden Trocknung. Die industrielle Fertigung ließ auch die mehr oder weniger künstlerisch auf die Siebe aufgebrachten Filigrane der Wasserzeichen verschwinden, denen wir die Erinnerung an das alte Handwerk verdanken und die uns zudem manchmal in die Lage versetzen, undatierte Schriftstücke und Kunstwerke regional und zeitlich einzuordnen.
Nach 1916 muss die alte Papiermühle durch den neuen Eigentümer August Wallmeyer, Inhaber einer Eisenacher Maschinenfabrik, abgerissen worden sein. An ihrer Stelle entstand ein Wohnhaus. Erhalten blieben Stall mit Remise und das wieder hergestellte östliche Seitengebäude, dessen Dachgeschoss mit seinen durch Holzjalousien gesicherten Fenstern noch an das Papiermacherhandwerk erinnert. Dessen gut durchlüftete Dachräume wurden als so genannte „Henke“ zum Trocknen des Papiers genutzt.
Am 5.01.1918 beantragte die Firma W. Rothe, Söhne, Farnroda für August Wallmeyers Unternehmen anstelle des alten Wasserrades eine Turbinenanlage.[45]

Firmenreklame der Firma August Wallmeyer für das Kraftwerk am Rothenhof auf dem Gelände der ehemaligen Papiermühle. Hinten im Bild ist das neue Wohnhaus zu sehen, das den Platz der Papiermühle einnimmt sowie rechts daneben das Turbinenhaus.

[45] (Akten B.W. Nr. 233 betr. Umbau der Wasserradanlage vorm. Schulz in Turbinenanlage Fa. Aug. Wallmeyer).

Am Hörselufer gegenüber dem Sportplatz am Fischbacher Weg befand sich der Einlauf des Mühlgrabens in den Flusslauf der Hörsel.
Foto: Bernd Siedentopf, 21.02.2023.

Die Anlage wurde als kriegswichtig vorläufig genehmigt. Wallmeyer hatte den Großherzoglichen Kammerfiskus mit 750 Mark einmaliger Zahlung für Fischereischäden abgefunden[46].

Nach dem 2. Weltkrieg wurde Wallmeyers Besitz, zu dem auch eine Maschinen- und Metallwarenfabrik gehörte, enteignet und in Volkseigentum überführt. Das Mühlengrundstück ging 1953 in den Besitz des VEB Spezialmaschinenbau Eisenach über.

1961 machte das Stadtbauamt der LPG „Alte Fischbach“ den Vorschlag, im Stallgebäude des Anwesens Mastbullen einzustellen; der jedoch nicht realisiert wurde.[47]

---

[46] Ebd. Bl. 23/24

[47] Ebd.

Im östlichen Seitenflügel wurde 1965 ein neuer Schornstein eingebaut.[48] Ein Jahr später erhielt das Grundstück eine eigene Kleinkläranlage.[49] Danach wurden auf dem Anwesen Wohnungen eingerichtet, freilich in sehr spartanischer Ausstattung. Die Turbine, die zur Stromerzeugung eingesetzt worden war, war längst ausgebaut; der Wassergraben wurde zugeschüttet.

Das Eisenacher Papier und seine Wasserzeichen

Um auf dem Papier ein Wasserzeichen zu erzeugen, wurden auf dem Sieb, das man zum Schöpfen des Faserbreies verwendete, aus Draht gefertigte Konturen aufgebracht. Dadurch wurde das Papier an diesen Stellen durchscheinender und das Filigran sichtbar. Das Schöpfsieb, auch Schöpfform genannt, bestand aus einem rechteckigen Holzrahmen, dessen Boden ein feines Metallgitter aus Kupfer- oder Bronzedraht bildete. Der Rahmen war abnehmbar, um den geschöpften Bogen beim Gautschen besser auf den darunterliegenden Filz abklatschen zu können. In der Regel hatten die Formen eine Größe von 33 x 42 cm. Quer zu den waagerecht angeordneten Drähten verliefen Stützdrähte, die die gleichmäßige Verteilung des Faserbreis auf dem Sieb gewährleisteten. Zusätzlich wurde durch vorsichtiges Schütteln beim Schöpfen eine bessere Verfilzung der Fasern erzielt.

Die Wasserzeichen der Eisenacher Papiermühle auf dem Rothenhof, die ich ermitteln konnte und die hier mitgeteilt werden, erheben keinesfalls Anspruch auf Vollständigkeit. Sie entstammen Papieren des Eisenacher Stadtarchivs, einer kleinen Sammlung von Halbbögen, die im Archiv der Ev.-Luth. Kirche Thüringens aufbewahrt werden, dem Wasserzeichen-Informationssystem der DFG sowie meiner privaten Sammlung.

Da die Bogen gefalzt wurden, um sie binden zu können, entstanden dadurch linke und rechte Bogenhälften, die zu ihrer Identifizierung jeweils mit a) oder b) gekennzeichnet wurden. Die senkrechten, teilweise auch gestrichelten Linien, bezeichnen die neben den Wasserzeichen sichtbaren Stützdrähte, die sich im Papier abgebildet haben. Teilweise waren die aufgefundenen Halbbogen auch beschnitten, so dass bei der Zuordnung Verwechslungen auftreten konnten und so die Seiten a) und b), auch durch meine nachlassende Sehkraft bedingt, möglicherweise falsch beschriftet wurden, da ich nicht Papierober- und Unterseite unterscheiden konnte. Teilweise beging auch der Formmacher Fehler, indem er das Filigran oder einzelne Buchstaben seitenverkehrt aufbrachte. Die Jahreszahlen, die den Wasserzeichen vorgesetzt wurden, bezeichnen das Jahr der Verwendung, das vom Herstellungsjahr bedeutend abweichen kann. Auch entstanden durch Siegel, Stempel oder Beschriftung des Papiers Fehlstellen in den Filigranen, die nicht dargestellt werden konnten.

---

[48] Ebd.

[49] Bauakte Rothenhof 7, Stadtverwaltung Eisenach, Stadtarchiv

				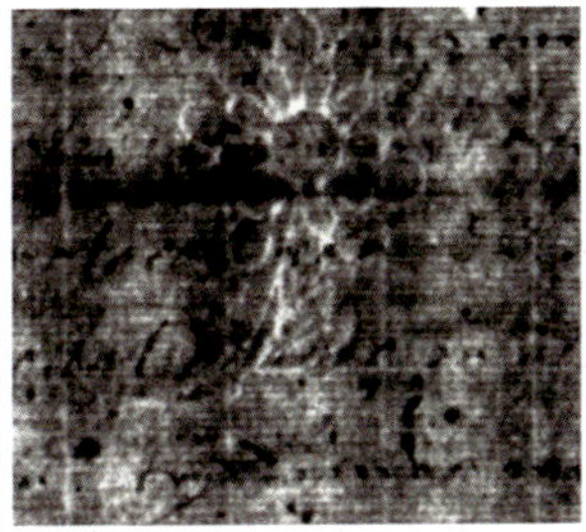
Eisenach	Zeiß, Johann Heinrich		1740	
Eisenach	Zeiß, Johann Heinrich		1745	
Eisenach	Stoltz[e], Johann Georg	IGS	1747-1750	
Eisenach	Stoltz[e], Johann Georg	IGS	1749	
Eisenach	Stoltz[e], Johann Georg	IGS		
Eisenach	Stoltz[e], Johann Georg	IGS	1753	

Eisenach	Stoltz[e], Johann Georg	IGS	1753	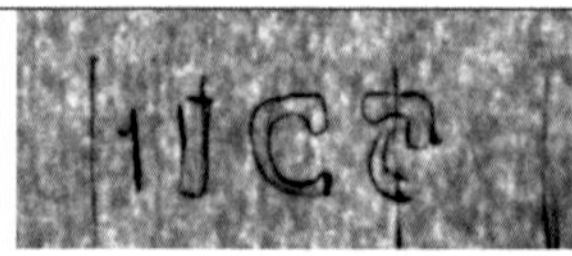
Eisenach	Stoltz[e], Johann Georg	IGS	1753	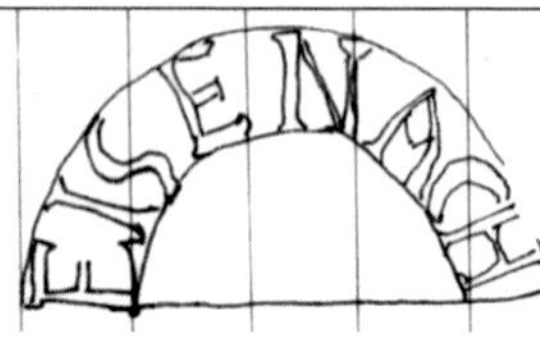
Eisenach	Stoltz[e], Johann Georg	IGS	1754	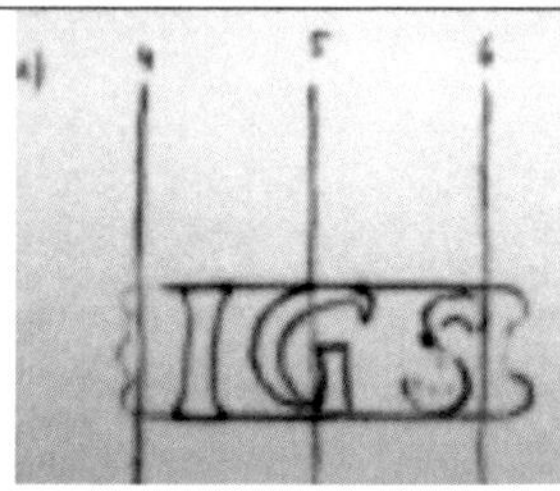
Eisenach	Stoltz[e], Johann Georg	IGS	1754	
Eisenach	Stoltz[e], Johann Georg	IGS	1756 a)	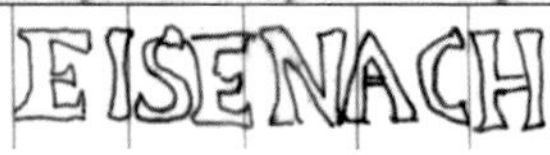
Eisenach	Stoltz[e], Johann Georg	IGS	1756	
Eisenach	Stoltz[e], Johann Georg	IGS	1756 b)	

Eisenach	Stoltz[e], Johann Georg	IGS	1756	
Eisenach	Stoltz[e], Johann Georg	IGS	1758	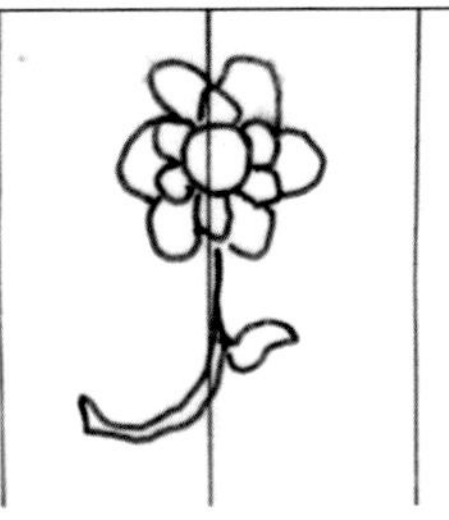
Eisenach	Stoltz[e], Johann Georg	IGS	1758 a)	
Eisenach	Stoltz[e], Johann Georg	IGS	1758 b)	
Eisenach	Stoltz[e], Johann Georg	IGS	1758	

Eisenach	Stoltz[e], Johann Georg	IGS	1758	
Eisenach	Stoltz[e], Johann Georg	IGS	1762	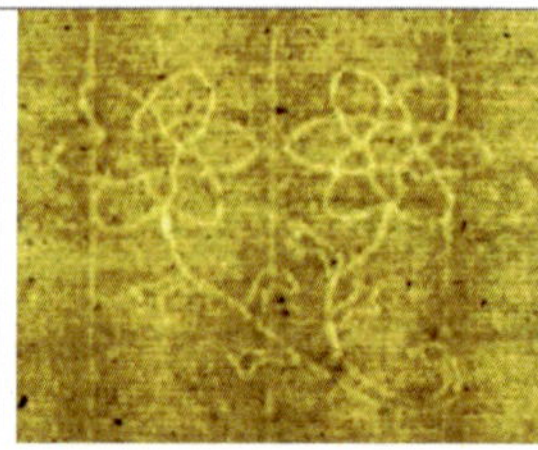
Eisenach	Stoltz[e], Johann Georg	IGS	1762	
Eisenach	Koch, Johann Christian I.	ICK	1768	
Eisenach	Koch, Johann Christian I.	ICK	1768	

Eisenach	Koch, Johann Christian I.	ICK	1768	
Eisenach		ICK	1768	
Eisenach	Stoltz[e], Johann Georg	IGS	1771	
Eisenach	Stoltz[e], Johann Georg	IGS	1771	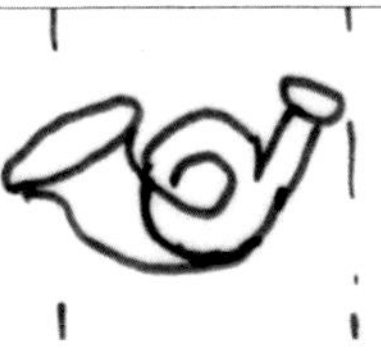
Eisenach	Koch, Johann Christian I.	ICK	1773	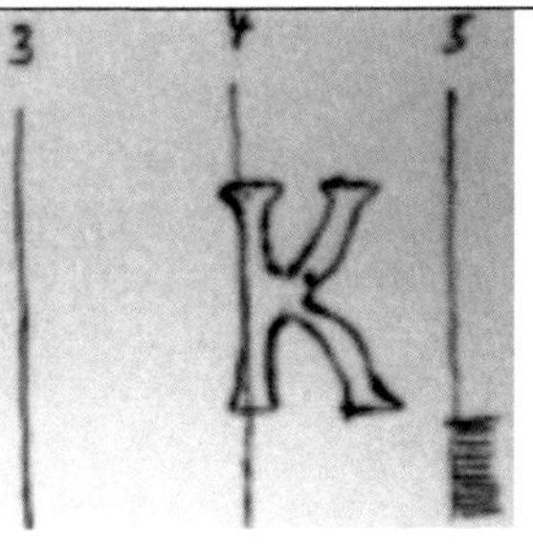

Eisenach	Koch, Johann Christian.	ICK	1773	
Eisenach	Koch, Johann Christian	ICK	1775 a)	
Eisenach	Koch, Johann Christian	ICK	1775 b)	
Eisenach	Koch, Johann Christian	ICK	1781	
Eisenach	Koch, Johann Christian	ICK	1781	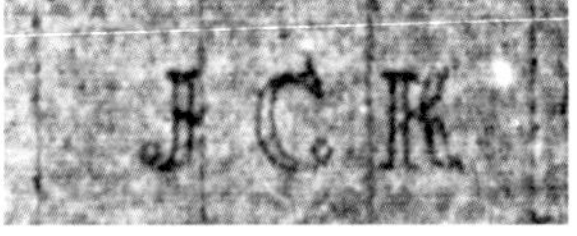

Eisenach	Koch, Johann Christian	ICK	1782	
Eisenach	Koch, Johann Christian	ICK	1783	
Eisenach	Koch, Johann Christian	ICK	1783	
Eisenach	Koch, Johann Christian	ICK	1786	

Eisenach	Koch, Johann Christian	ICK	1788	
Eisenach	Figur wurde bereits bei Stoltze verwendet, vielleicht wurde das Papier erst viel später (1789) benutzt		1789	
Eisenach	Koch, Johann Christian	ICK	1790 a)	

Eisenach	Koch, Johann Christian	ICK	1790 b) SM 27	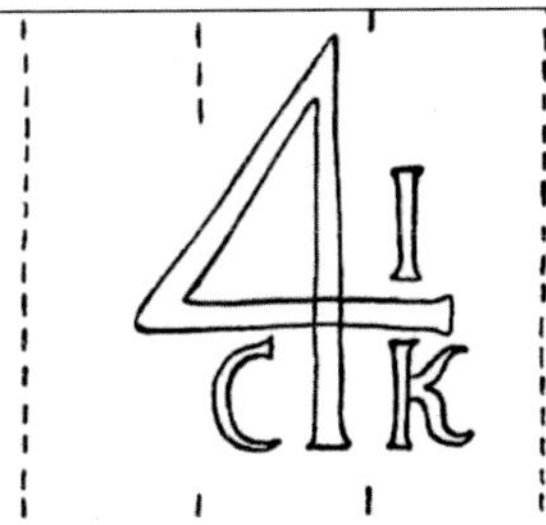
Eisenach	Koch, Johann Christian	ICK	1790	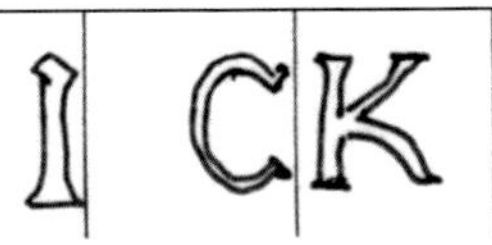
Eisenach (?)	Koch, Johann Christian	ICK	1795	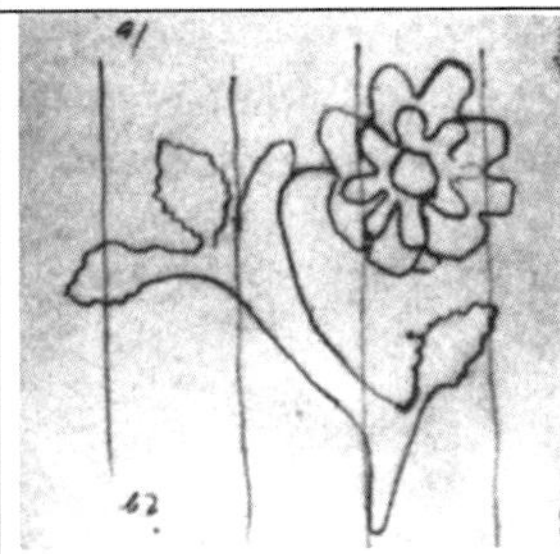
Eisenach	Koch, Johann Christian	ICK	1796	

Eisenach	Koch, Johann Christian	ICK	1797	
Eisenach	Koch, Johann Christian	ICK	1799	
Eisenach	Koch, Johann Christian	ICK	1799 a)	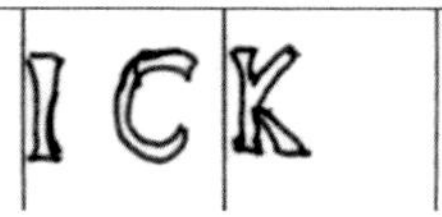
Eisenach	Koch, Johann Christian	ICK	1799 b)	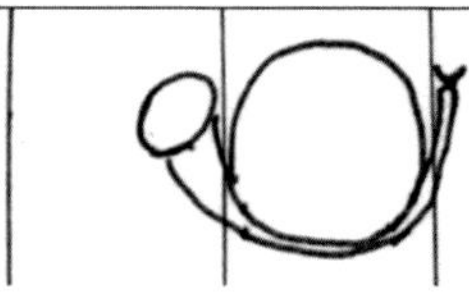
Eisenach	Koch, Johann Christian	ICK	1801	

Eisenach	Koch, Johann Christian	ICK	1801	
Eisenach	Koch, Johann Christian	ICK	1801	
Eisenach	Koch, Johann Christian	ICK	1801	
Eisenach	Koch, Johann Christian	ICK	1801	

Eisenach	Koch, Johann Christian	ICK	1802	
Eisenach	Koch, Johann Christian	ICK	1803	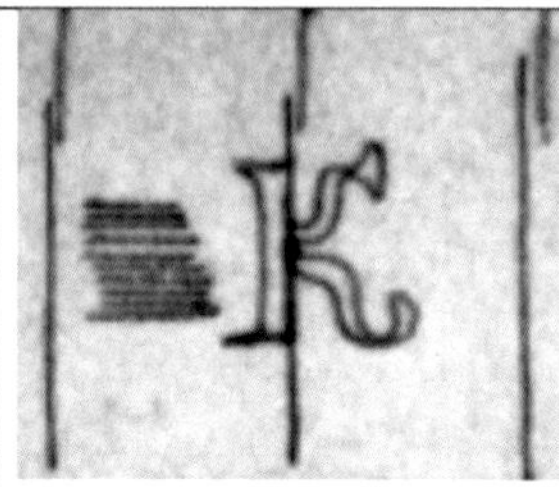
Eisenach	Koch, Johann Christian	ICK	1806	
Eisenach	Koch, Johann Christian	ICK	1806 SM443	
Eisenach	Koch, Johann Christian	ICK	1806	
Eisenach	Koch, Johann Christian	ICK	1806	

Eisenach	Koch, Johann Christian	ICK	1806	
Eisenach	Koch, Johann Christian	ICK	1807 a)	
Eisenach	Koch, Johann Christian	ICK	1807 SM 391	
Eisenach	Koch, Johann Christian	ICK	1812	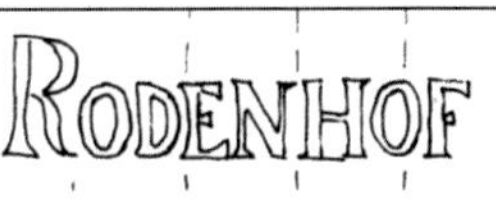
Eisenach	Koch, Maria Barbara		1819- 1821 a)	
Eisenach			1819- 1821 b)	
Eisenach	Koch	ICK		

Eisenach		ICK	1826	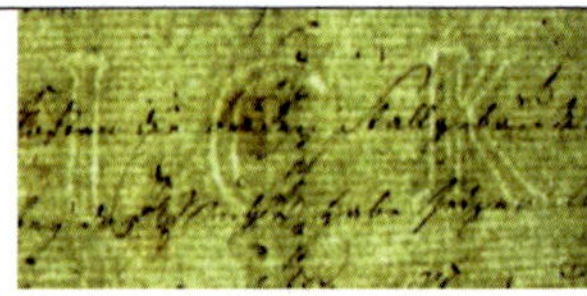
Eisenach			1826	
Eisenach		ICK	1826	
Eisenach	Koch, Maria Barbara		1802-30	
Eisenach		ICK	1834	
Eisenach	Koch, Johann Christian	ICK	1838	
Eisenach			1841	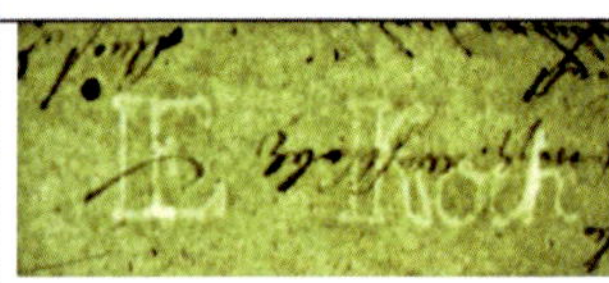

Eisenach	Koch, Johann Christian	ICK	1838	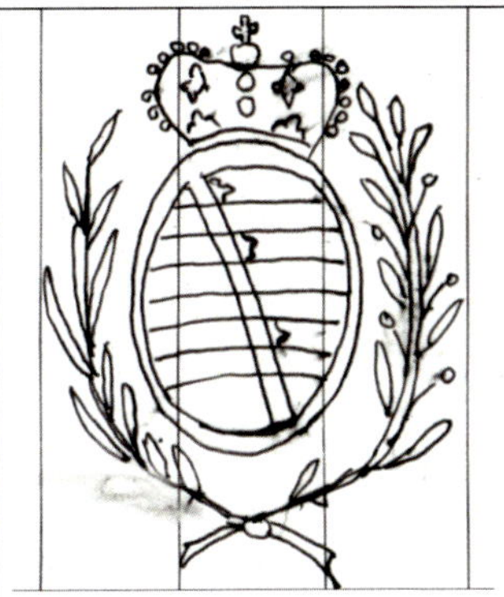
Eisenach	Koch, Johann Christian	ICK	1838	
Eisenach	Koch, Maria Barbara		1839	
Eisenach	Koch, Johann Christian	ICK	1839	
Eisenach			1841	
Eisenach			1842	
Eisenach		EK	1848	
Eisenach	Schulz, Tobias Ernst Ed.		1851-1914	

Die Bleiweißfabrik des Gustav Dietel

Wie wir bereits wissen, konnte der Unternehmer Gustav Dietel 1836 durch Vertrag mit der Papiermüller-Familie Koch westlich der Papiermühle an deren Mühlgraben eine Bleiweißfabrik errichten. Über die Rechte am Mühlgraben und die Kosten, die ihm dadurch entstanden, wissen wir nichts. Als Dietel jedoch an seinem Triebwerk den Fachbaum legen wollte und die Wasserverhältnisse in dem nun von zwei Triebwerken genutzten Mühlgraben geklärt werden mussten, stellte sich heraus, dass die Papiermühle keinen Sicherpfahl besaß. Als alleiniger Nutzer eines Mühlgrabens oblag ihr bisher lediglich die Aufgabe, den Wasserzufluss vom Fischbacher Wehr zu sichern, was durch zwei Schütze geschah, die sich am Beginn des Mühlgrabens befanden und den Wasserstand bis zum Fachbaum regulierten.
Laut Kaufvertrag vom 6.11.1851 ging die Papiermühle der Familie Koch in die Hände von Tobias Ernst Eduard Schulz und dessen Ehefrau Christiane Auguste geb. Seitel aus Tennstedt über.
Zunächst ging alles gut, doch ab 1855 entstand Streit zwischen den beiden Parteien bei der Setzung des Sicherpfahls bei der Dietelschen Bleiweißfabrik, der bis 1861 andauerte und mit der Klage des Pappenproduzenten Schulz wegen

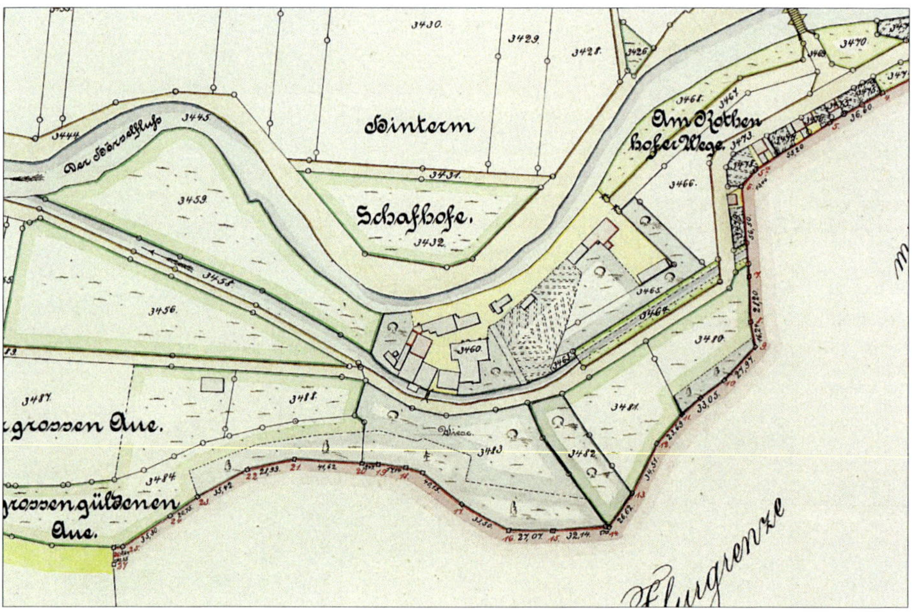

Katasterbereich Gotha, Art: Urkarte KB 53 zur Stadt Eisenach, Gemarkung-Nr. 1814, Gemarkung Eisenach Flur-Nr. 030, Angabe Jahr: ohne

der eigenmächtigen Absenkung des Fachbaumes der Bleiweißfabrik Dietels ein neues Stadium erreichte. Während der letzten sechs Jahre hatte das Verfahren mehrere Gutachter und Rechtsanwälte verschlissen und das Kreisgericht immer auf Trab gehalten; ein Ergebnis konnte jedoch nicht erzielt werden, eine Einigung noch weniger.
1859 beabsichtigte der Besitzer der Bleiweißfabrik Dietelsau, so nannte Gustav Dietel seine Immobilie, seine beiden Wasserräder durch ein größeres in doppelter Breite zu ersetzen. Dabei sollte das Freigerinne entsprechend erweitert werden. Zunächst wurde dazu ein Aushang im Büro des Direktors des III. Verwaltungsbezirkes veröffentlicht, der die Möglichkeit des Widerspruches einräumte. Und der Widerspruch folgte auf dem Fuße, denn der Gemeindevorstand von Fischbach bemängelte den illegal gelegten Fachbaum, der dringend reguliert werden müsse, um die Überschwemmung des Fußweges zu beseitigen und die Trift nicht zu behindern. Die Wiesen wurden von einer Triftgenossenschaft zur Weide von Schafen genutzt.
Zwei Jahre lang hatte sich Dietel bessere Wasserverhältnisse verschafft, ehe im Sommer 1863 die Höhenverhältnisse des Mühlgrabens durch Legung eines neuen Fachbaums bei der Dietelschen Fabrik reguliert werden sollten. Das geschah endlich im Februar 1864. Die eigenmächtige Senkung des alten Fachbaums, die einen Eingriff in die staatlichen Befugnisse darstellte, hatte Dietel bereits mit einem Strafbefehl über 50 Taler bezahlen müssen.

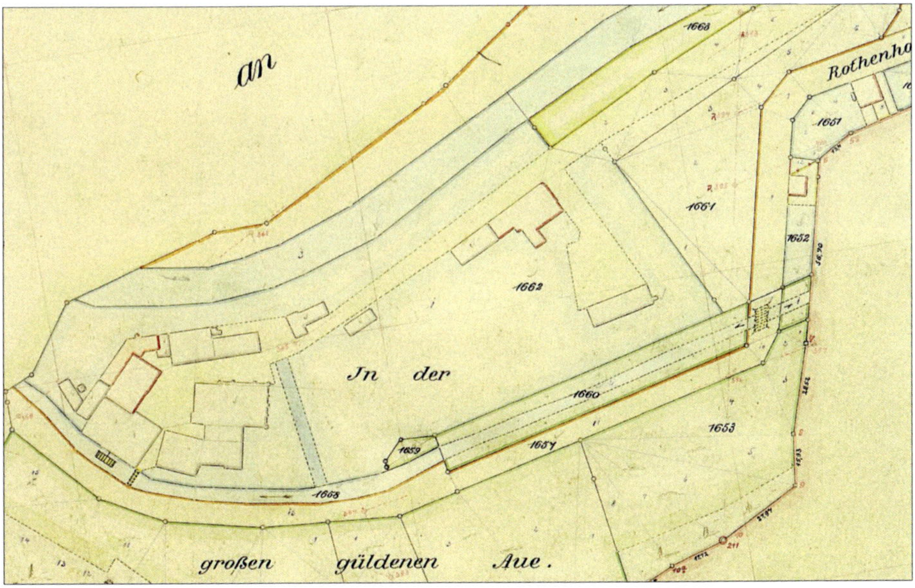

Katasterbereich Gotha, Art: Urkarte KB 53 zur Stadt Eisenach, Gemarkung-Nr. 1814, Gemarkung Eisenach Flur-Nr. 029, Angabe Jahr: 1914

Ruinöse Gebäude der Bleiweißfabrik des Gustav Dietel am Rothenhofer Weg 8.

Rothenhof-Bleiweißfabrik 1995.
Foto: Manfred Beck

Der Schornstein der Dietelschen Bleiweißfabrik, standhaft wie am ersten Tag.
Fotos 2x: Bernd Siedentopf, 2016

Gebäudekanten und Nischenbögen waren in Ziegelmauerwerk ausgeführt.
Foto: Bernd Siedentopf, 2016

Rothenhof-Bleiweißfabrik 1995.
Foto: Manfred Beck

Rothenhof 1995.
Foto: Manfred Beck

Nachdem sich Schulz und Dietel über Jahre hinweg vor Amt und Gericht gestritten hatten, taten sie sich 1898 zusammen, um die Erhöhung des Fischbacher Wehres zu beantragen, da die Kies- und Sandablagerungen vor dem Wehr die Verflachung des Flussbettes der Hörsel bewirkten und sich dadurch die Wassermenge, die in den Mühlgraben einfließen konnte, verringerte. Trotz der Mahnung zweier am Mühlgraben anliegender Familien wurde das Projekt genehmigt und 1901 ausgeführt. 1926 kaufte die Stadt Eisenach das Gelände der Dietelschen Bleiweißfabrik am Rothenhofer Weg 8 und hätte damals bereits wissen können, wie gut sich durch Bleiweißproduktion kontaminierte Grundstücke handeln lassen.

1832. [A] Stadtratsakten die Anlegung neuer Mühlen im Weichbild der Stadt Eisenach betr.[50]

Am 24. Juli 1832 bat der Mechanikus und Zeugarbeiter Adam Krug gehorsam den Eisenacher Stadtrat, ihm ein Stück Land zur Erbauung einer Mühle zu überlassen. Er sah sich zu diesem Schritt veranlasst, da seit langer Zeit durch die Umwandlung der Spickenmühle, der Weißen- und der Obermühle nun sieben Mahlgänge fehlten, die er durch den Neubau einer Mahlmühle ersetzen wollte. Dabei kam er auf ein Stück Land bei der Rothenhöfer Papiermühle, das er bereits vermessen und auf einer Zeichnung verewigt hatte. Seine Zeichnung mit dem bereits vorhandenen Mühlgraben der Papiermühle und dem Steg über diesen hinweg sowie der Hörsel, die er mit der Bezeichnung „Wilder Fluß" versehen hatte, stimmen jedoch mit einer bereits existierenden Karte der Papiermühle in keiner Weise überein. Bürgermeister Roese war der Meinung, dass dem Krug der Platz zur Erbauung einer Mühle käuflich überlassen werden solle, wenn er nachweisen würde, dass die Hut- und Fischerei-Berechtigten ihre Zustimmung zu der Veräußerung geben. Da jedoch keine Mühle gebaut wurde, muss die Sache wohl im Sande verlaufen sein. Die Akte berichtet nicht weiter über den Vorgang.

Kaum einen Monat später klopfte mit ähnlichem Anliegen der Schreinermeister Philipp Kehr bei der Stadtverwaltung an. Er beabsichtigte eine Schneidemühle zu erbauen und „wenn sichs tun ließe und es meine Kräfte erlaubten auch wohl noch einen Mahlgang anzulegen."[51] Geschehen sollte dies auf einem wüsten Rasenplätzchen unterhalb des „Ungeheuren Graben", jenes Geländeeinschnitts, den wir östlich des Galgens am Goldberg zu suchen hätten.

Um es vorweg zu nehmen, seine Kräfte erlaubten es nicht. Bürgermeister August Roese schloss den Vorgang mit dem Satz: „Im Frühjahr 1833 ist Meister Kehr gestorben."

---

[50] StAE 10 C.XIX.W.6

[51] StAE 10 C.XIX.W.6, f. 5 f.

Schwerspatmühle Bahnhofstraße 52

Im Mai 1873 stellte der Bürger Eduard Filß einen Antrag zur Anlage einer Spat- und Schneidemühle am Hörselmühlgraben, der zudem einen Durchstich des jetzigen Grabens zu seiner Mühle erforderlich machte. Außerdem war eine Austiefung des Grabenbettes auf einer Länge von 800 Metern nötig; alles in allem keine günstigen Bedingungen. Um nun die beteiligten Unternehmen zu informieren, wurde zunächst eine Anzeige in der Weimarischen Zeitung geschaltet; dann wurde Filß um eine ausführliche Beschreibung der Anlage gebeten, die er im März 1874 einreichte. Gleichzeitig wurde die Eichelsche Farbenfabrik als Nachbar aufgefordert, ihre Einwendungen gegen das Projekt einzubringen. Filß entstanden bei Annahme der Bedingungen erhebliche Ausgaben, denn er musste sich zu 1/3 am Fischbacher Wehr beteiligen und den notwendigen Neubau der Brücke über die Siechenlache finanzieren, um nur die wichtigsten Posten zu nennen, die neben drohenden Vertragsstrafen der Mühlgrabenbenutzer das zu gründende Unternehmen unter Druck setzten.

Neu war das Projekt allerdings nicht, denn auf der Stelle, auf der die Spat- und Schneidemühle entstehen sollte, hatte bis zum 25. Mai 1869 bereits die Mühle des Eduard Lehmicke bestanden, der an diesem Tag den Schütz an der Mühle ziehen wollte, dabei aber ins Wasser fiel und ertrank. Diese Mühle also hatte

Die Schwerspatmühle von Bohlig & Roth am östlichen Ende der Bahnhofstraße, später Schneidemühle Philipp Lehmann & Co., Zeichnung um 1900.

Eduard Filß angekauft und war seit Mai 1870 damit beschäftigt, sie umzubauen. Inzwischen hatte sich die Anlegung der Spat- und Schneidemühle durch den Konkurs des Herrn Filß insoweit erledigt, dass dessen Ehefrau unterdessen eine Interventionsklage angestrengt und die bisher angefallenen Kosten getragen hatte. Im November 1875 war das Grundstück in das Eigentum des Berliner Kaufmanns Carl Schadewitz übergegangen, der zugleich Filß' Schwager war. Zu dieser Zeit war das Triebwerk noch nicht völlig hergestellt; es sollte zwei Spatgänge, einen Kleegang, zwei Gatter und eine Kreissäge treiben. Noch besaß die Mühle des Herrn Schadewitz keinen Sicherpfahl, bei dessen Einmessung Unregelmäßigkeiten aufgetreten waren. Zwei Jahre später war die Ära des Herrn Schadewitz bereits wieder vorbei und die Mühle ging in die Hände der Herren Eduard und Martin Roth über, die dann unter der Anschrift Bahnhofstraße 52 eine chemische Fabrik betrieben, die Schwerspatmühle Bohlig & Roth. Bald nach 1900 entstand an dieser Stelle die Schneidemühle Philipp Lehmann & Co, die hier bis 1913 nachweisbar war.

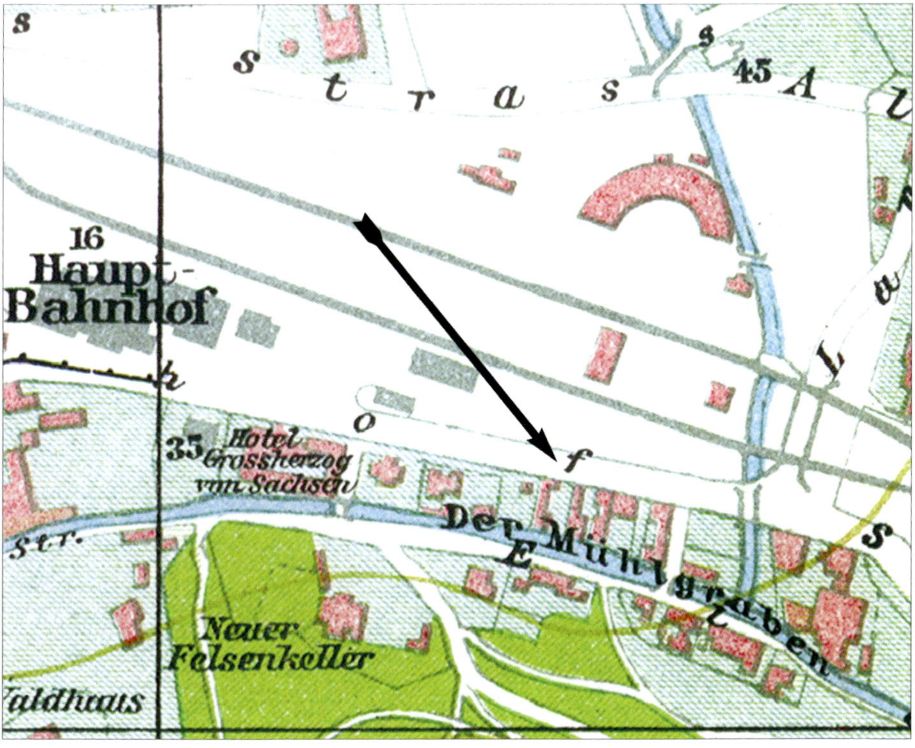

Schwerspatmühle auf dem Plan der Stadt Eisenach und ihrer nächsten Umgebung, 1908. Verlag und Hofdruckerei H. Kahle, Eisenach. Sammlung Harald Rockstuhl

Die Obermühle / Farbenfabrik Arzberger, Schöpff & Co.

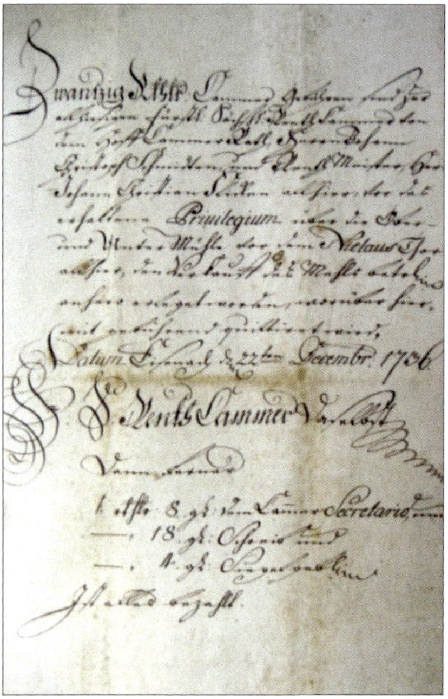

1628. [A] Akten und Nachrichten der Obermühle, besonders deren Werke betreffend.
1784. [A] Joh. Heinrich Pabst gegen Feist und Cramersche Handlung wegen des Wehrbaukosten-Vorschusses.
1786. [A] Die Feist- und Cramersche Handlung gegen Joh. Heinr. Pabst wegen der Weidenutzung am gemeinschaftlichen Mühlgraben.
1786. [A] Die Berechnung zwischen der Feist- und Cramerschen Handlung wegen der Wehrbaukosten mit dem Müllermeister Christoph Schröder.
1786. [A] Joh. Heinr. Pabst gegen Feist- und Cramersche Handlung wegen der Fischerei.
1789. [A] Joh. Heinr. Pabst gegen die Feist- und Cramersche Handlung wegen der Baukosten.

20 Reichstaler Kammer-Gebühren entrichteten die Eigentümer der Ober- und Untermühle für das Privileg des Mahlens von Getreide im Jahr 1736. Repro der Quittung.

Die Obermühle stand vor dem Nikolaitor am rechten Ufer der nicolaitorschen Vorstadt. Sie besaß zunächst einen Getreidemahlgang und einen Ölschlaggang, nach Gründung der Farbenfabrik wurde einer der Gänge in eine Bleiweißmühle umgewandelt. Sie wurde im Jahr 1628 in einer inzwischen verschollenen Akte genannt. Weitere Kenntnisse über die Obermühle konnte ich der folgenden Akte entnehmen: *1736–1877. [A] Die Obermühle vor dem Nikolaitor zu Eisenach in ihren Verhältnissen in Bezug auf den Wassergraben, das Wehr, die Brücke, die Ufer, die Grabenfege und die anderen Triebwerke. (StAE 10 C.XIX.W.22/1 Band I)*

Am 22. Dezember 1736 wurde dem Hof-Kammerrat Johann Christoph Schmidt und dem Rentmeister Johann Christian Flick das Privileg des Verkaufs für den Mahlbetrieb über die Ober- und Untermühle vor dem Nikolaitor ausgestellt. Weiter findet sich in der Akte das Protokoll über den Einbau eines neuen Fachbaums und Sicherpfahls vom Ober-Amts-Kommissar Christoph Friedemann Zellmann.

Vor dem Jahr 1804, wahrscheinlich 1800, muss die Obermühle an die Cramerische Handlung verkauft worden sein, denn am 1. Dezember 1804 veräußerten Friedrich Cramer und Comp. diese an J. Christoph Vogt mit allem Inventar. Dieser bat am 14. März 1805 auf dem S. Oberamt darum, dass der Kaufbrief der

Mühle nicht auf ihn, sondern auf seinen Sohn Wilhelm Justinus Vogt ausgestellt werden solle. Dieser reichte 1806 ein Gesuch um Erlass des Lehngeldes für Kauf der Obermühle bei der Stadtverwaltung ein. Wie dieses beschieden wurde wissen wir nicht.

Am 4. Juli 1828 erschien der Handelsmann Friedrich Eichel, der nun Eigentümer der Obermühle war, vor dem Eisenacher Stadtrat. Grund seiner vorgetragenen Eingabe war der Neubau der Mühlgrabenbrücke vor dem Nikolaitor, deren veränderte Maße ihn befürchten ließen, dass ihm bei künftigen Eisgängen eine Erhöhung des Kostenaufwandes entstehen würde. Er ließ sich schriftlich bestätigen, dass jene eventuelle Erhöhung aus der hiesigen Stadtkasse getragen werden solle.

Aus dem Jahre 1840 existiert ein Stadtratsbeschluss, nach dem die Anlieger der Nikolaitorbrücke für deren Reparatur 2/3 der Baukosten zu übernehmen haben. Kommentar des Friedrich Eichel: „soweit ich mich erinnere habe ich zu dem Uferbau 25 Taler ein für allemal bewilligt, auf künftige Reparatur habe ich mich nicht eingelassen, meiner Ansicht nach kostet der ganze Uferbau kaum 25 Taler; mithin kostet es den Stadtrat nichts.“ Sprach's und schickte noch einen „netten“ Brief hinterher.

In der Akte der Obermühle findet sich folgender Kaufbrief, der jedoch die Untermühle betraf. Die Abschrift war für den benachbarten Mühlenbesitzer Eichel gedacht, da einige Verpflichtungen und Gerechtigkeiten auch diesen betrafen:

„Es verkaufen nämlich die Witwe Marie Reinemann alhier, mit Zustimmung des Altenvormunds ihrer Kinder, ihre ihnen laut Erbschein vom 12. Juni 1842 eigentümlich gehörige, vor dem Nikolaitor am rechten Ufer der Hörsel, zwischen dem Streiberschen jetzt Eichelschen Pressgebäude liegende Mahlmühle, die Untermühle genannt, nebst Wohnhaus, Ställen, zwei Schweineställen und einem Grabegarten, sowie die auf der Beilage hierneben verzeichneten zum Mühlengeschäft gehörigen Gegenstände mit allen Rechten und Gerechtigkeiten, Nutzen und Beschwerden an David Kayser und Bernhard Ackermann gemeinsam, zu welchen mit gehört:

1. dass auf den Fall, wenn das Wasser im Sommer bei anhaltender Hitze oder im Winter bei strenger Kälte von geringer Quantität ist, die beiden Mühlen, nämlich die gegenüber liegende Walkmühle und diese Mahlmühle miteinander wechseln müssen, mithin nur eine davon und zwar nur 24 Stunden lang gehen.

2. dass der Besitzer dieser Mahlmühle zu den Kosten des Grabenfegens, von der Untermühle an bis zum Ausflusse der Hörsel in die Nesse, ferner zur Erhaltung der Scheidewand des Löbersbachs, auch zur Winterzeit zum Eisen [des] Mühlgraben[s] die Hälfte zu den Kosten des Grabenfegens von der Obermühle bis an das große Wehr, ingleichen zum Bau und zur Besserung des kleinen und großen Wehres und der beiden Ufer, soweit sie zu beiden Wehren gehören, aber

nur den vierten Teil beiliegt, dagegen der Kaufmann Herr Eichel als Besitzer der Obermühle dazu die Hälfte bezahlt, auch an seiner Mühle bis an die Untermühle allein fegen und den Schutt wegfahren zu lassen die Verbindlichkeit hat."
So geschehen am 2. Mai 1842.
Herr Eichel erkannte die Angaben im Kaufvertrag für richtig, hatte aber noch einige zusätzliche Bemerkungen zu machen.
Im Jahr 1842 sollte nun auch die 1840 geplante Reparatur der Brücke vor dem Nikolaitor zur Ausführung kommen. Über die Aufteilung der Kosten war man sich bald eilig: 1/3 sollte die Stadtkasse tragen, 1/3 der Obermüller Eichel-Streiber und 1/3 die beiden Untermühlen-Besitzer David Kayser und Bernhard Ackermann gemeinsam. Das Procedere der Abwicklung sollte so aussehen:
Die Mühlenbesitzer zeigen die zu behebenden Schäden dem Stadtrate zur Genehmigung an und lassen dann unter ihrer Aufsicht die Reparaturen ausführen, der Stadtrat aber zahlt auf die von ihnen attestierten Quittungen den dritten Teil des Betrags aus.
Im Jahr 1844 war die Setzung eines neuen Sicherpfahls notwendig geworden, der von Eichel-Streiber und Kayser gemeinsam genutzt wurde, aber sich auf keinem von beiden gehörigem Grund und Boden befand und nun gänzlich verschwunden war. Die Angelegenheit konnte durch den Mühlen- und Baumeister Adam Krug schnell erledigt werden.
Im August 1844 war durch starke Regenfälle das Wasser der Hörsel stark angeschwollen und hatte das Wehr am Mühlgraben in Fischbach ruiniert. Über die Finanzierung war man sich bald einig geworden, sie sollte von Eichel-Streiber zur Hälfte sowie von Kayser und Ackermann zu je einem Viertel getragen werden. Das Projekt war an den Bauinspektor Möder vergeben worden. Die Rechnungsführung übernahm der Eichel-Streibersche Kassenführer Heydenbluth. Den Vertrag über die Baumaßnahme schloss man am 20. September 1847.
Wiederum gab im August des Jahres 1852 die Kopie des Protokolls der Setzung eines Sicherpfahls aus der Akte der Eichel-Streiberschen Obermühle Kenntnis von der Aktion, die sich jedoch im Hof der Ackermannschen Mühle abspielte, weil dort dieser Sicherpfahl gesetzt wurde.
Friedrich Eichel hatte im Jahr 1854 eine Klage wegen unbefugten Wiesenwässerns am Erbstrom vor dem herzoglichen Justizamt anhängig gemacht. In Folge dieser Eingabe wurden Johannes Glaeser aus Wutha und Heinrich Glaeser aus Farnroda sowie der Wirt Ehmer aus Eichrodt vorgeladen. Und sie gestanden, dass sie den Erbstrom aufgestaut und das Wasser auf ihre Wiesen geleitet hätten, wozu sie auch das Recht hätten. Sie dürften den Erbstrom an Walburgis und Jacobitag dämmen und hätten dies vor acht Tagen getan und am Dienstag darauf die Dämmung wieder eingerissen. Jedesmal, wenn die Dämmung geschehen sollte, hätten sie dies dem Großherzoglichen Justizamt anzeigen müssen, jedoch bestand der vorherige Amtmann Trabert darauf, dass sie dies

beim Fischmeister Bonewitz tun sollten; die Anzeige beim Amt sei nicht notwendig. Sie hätten, um sich den Weg zu sparen, auch Bonewitz' Gehilfen Kühn in Farnroda informieren können, was sie auch getan hätten. Bei der erneuten Vorladung wurde beiden Glaeser bei angedrohter Strafe aufgegeben, das Justizamt vor der Aufstauung des Erbstroms zu informieren.
Im Jahr 1860 klagte Eichel erneut wegen unbefugten Wiesenwässerns, allerdings mit neuem Personal. Beklagter Wiesenbesitzer war nun Rudolph Markscheffel, Glied einer bekannten Eisenacher Ökonomenfamilie, der sich mit dem Mühlenbesitzer Lehmicke auseinandersetzte. Welche Mühle dieser besaß, geht aus dem Schriftstück nicht hervor; die für die Familie Eichel-Streiber ausgefertigte Kopie war an Julius, den Sohn des 1858 verstorbenen Friedrich von Eichel-Streiber adressiert. Unter den Klägern befand sich nun auch der Mühlenbesitzer Ernst Fiesinger; die Identifizierung seines Triebwerkes müssen wir vorläufig noch aufschieben. Es ist aber interessant, dass die Kläger das unberechtigte Wässern der Wiesen mit der Zerstörung des Fischbacher Wehres in Zusammenhang bringen konnten, so dass die seit 5 Jahren fällige Baumaßnahme wieder an Aktualität gewann, zumal infolge Hochwassers der Wehrbau der Obermühle im Winter 1862–1863 gebrochen war[52]. Es stellte sich zudem heraus, dass die am Roten Hof gelegene Papiermühle beim Einsetzen der ganzen Schleuse kein Stauwasser in die Wasserräder erhielt. So wurde also das Wässern der Wiesen auf die Zeit von Sonnabend, 6 Uhr abends, bis Sonntag um die gleiche Zeit, beschränkt.
Inzwischen, man schrieb das Jahr 1876, hatte Julius v. Eichel-Streiber gemeinsam mit Christian Arzberger aus der Obermühle die Farbenfabrik Arzberger, Schöpff u. Co. GmbH entstehen lassen.
Ein Jahr zuvor sah sich Eichel-Streiber mit einer Anzeige konfrontiert, nach der er der Verunreinigung des Mühlgrabenwassers durch Farbreste bezichtigt wurde. Seine Rechtfertigung fiel ziemlich rüde aus. Beiliegend war eine Liste der Stoffe, die die Farbenfabrik mit dem Mühlgraben entsorgte. Den Gestank, der aus demselben entwich, nannte er einen kaum wahrnehmbaren Geruch. Durch neue Technologien wollte er jedoch die Belästigung vermindern, könne aber nicht verhindern, dass Fäkalien und in Fäulnis übergehende Stoffe die Geruchsbelästigung verursachten. Es vergehe kein Monat, dass nicht tote Katzen und Hunde, ja sogar Nachgeburten und ähnliches sich vor den Wasserrädern ansammelten. Verurteilt wurde die Firma Eichel zu einer Geldstrafe von 15 Mark, die sie jedoch nicht zahlte und Einspruch einlegte. Die Farbenfabrik wurde freigesprochen und die Kosten des Verfahrens der Staatskasse auferlegt.
Im September 1882 war es zu einem massenhaften Fischsterben im Hörselmühlgraben gekommen. Vor dem Gemeindevorstand erschien der Hoffischer Bonewitz mit einer Flasche, in der sich Mühlgrabenwasser befand, das einen benzinartigen Geruch verströmte. Die Beklagte war wieder einmal die Farbenfa-

52 StaAE 10. C.XIX.W.28

brik Arzberger, Schöpff & Co. GmbH, die für sich das Recht der Einleitung von Stoffen aus der Produktion in den Mühlgraben reklamierte; schließlich war sie ja bereits einmal freigesprochen worden. Dass sie die Pflicht habe, sich der Verbreitung gesundheitsgefährdender Stoffe zu enthalten, wisse man und könne versichern, dass eine solche nicht stattfinde, vielmehr zu deren Verhütung ausreichende Vorkehrung getroffen sei. So formulierte es jedenfalls der die Firma vertretende Anwalt Reichardt.

„Man könne es aber nicht unterlassen, darauf aufmerksam zu machen, dass in den Mühlgraben aus anderen Gewerbebetrieben eine Reihe der allerschädlichsten Stoffe eingeleitet werden. Wir nennen hier die Gerbereien, in welchen zur Enthaarung der Felle Arsenik verwendet wird, die Färbereien, aus denen Salz- und Schwefelsäure in das Wasser tritt, die Spinnerei des Herrn Mühlenbesitzers Reinemann, deren Garne zur Entfernung von Fett und Unrat in dem Wasser des Mühlgrabens gewaschen werden – nicht zu gedenken der Einmündungen der städtischen Kloaken in den Mühlgraben. Unter diesen Umständen kann wohl umso weniger ein etwa vorgekommenes Eingehen von Fischen ohne weiteres auf unsere Rechnung geschrieben werden".

Man kann jedenfalls voraussehen, wie die Sache ausging. Die Akte berichtet nicht mehr über das Fischsterben, nichts über Ursachen und Schuldige.

Die Besitzer der am Hörselmühlgraben gelegenen Grundstücke wurden bei Strafe aufgefordert, die dem Wasserlauf nachteiligen Bäume und Sträucher wegzunehmen.

Bahnhofstraße 1912. Blick auf die Farbenfabrik Arzberger, Schöpf & Co., GmbH, Sammlung Karl-Heinz Büttner.[1]

Es gab wohl wichtigeres zu verhandeln; beispielsweise den Verkauf eines Grundstückstreifens zwischen Mühlgraben und dem Hotel „Großherzog von Sachsen" in der Bahnhofstraße, das im Sommer 2016 abgerissen worden war. Vorgeladen wurden die Nachbarn, der Fabrikbesitzer Arzberger und der Gerbereibesitzer Ernst Fiesinger sowie der Hotelbesitzer Edmund Röhrig. Es handelte sich also um das Mühlgrabengrundstück zwischen der Gaststätte „Neuer Felsenkeller", heute Waldorf-Kindergarten, entlang der heutigen Waldhausstraße in Richtung Nikolaitor. Der Hotelier Röhrig willigte sofort ein, die Nordseite des Mühlgrabens auf der fraglichen Grabenstrecke mit einer guten und dauerhaften Mauer zu befestigen. Die Nachbarn willigten ein, dass unter diesen Umständen den Geschwistern Röhrig der fragliche Arealstreifen überlassen wurde und verzichteten für sich und ihre Rechtsnachfolger auf jeden Einwand gegen diese Abtretung.
Auch gegen die Pläne eines Ingenieurs Schäffer, sich am Mühlgraben anzubauen und dabei dessen nördliche Begrenzung zu sichern, gab es keine Einwendungen. Nach dem Adressbuch von Eisenach aus dem Jahr 1887 müsste es sich um das Grundstück Bahnhofstraße 40 gehandelt haben.
Weiter berichtet die Akte vom Kampf gegen das winterliche Eis im Mühlgraben, dessen Beseitigung lt. damaliger Übereinkunft eine einmalige Sache gewesen sei, die zudem mit einem Bahnmeister verhandelt wurde. Daher verwahrten sich nun

Röhrig's Hotel Großherzog von Sachsen, Bahnhofstraße 38. Abriss 2016.[1]

Der Hörselmühlgraben mit Blick zum Hotel Waldhaus um 1910.

Der Hörselmühlgraben an der Waldhausstraße, deren Bebauung ganz links zu sehen ist; im Hintergrund links das Hotel „Kaiserhof", davor die Brücke über die Bahnhofstraße, unter der der Mühlgraben nach „Klein-Venedig" floss.
Foto: Fritz Rollberg vor 1908.

Der Hörselmühlgraben vor 1908.

Bahnhofstraße, Brücke vorm Stadtgraben um 1905.

Bahnhofstraße, Brücke vorm Stadtgraben um 1905.

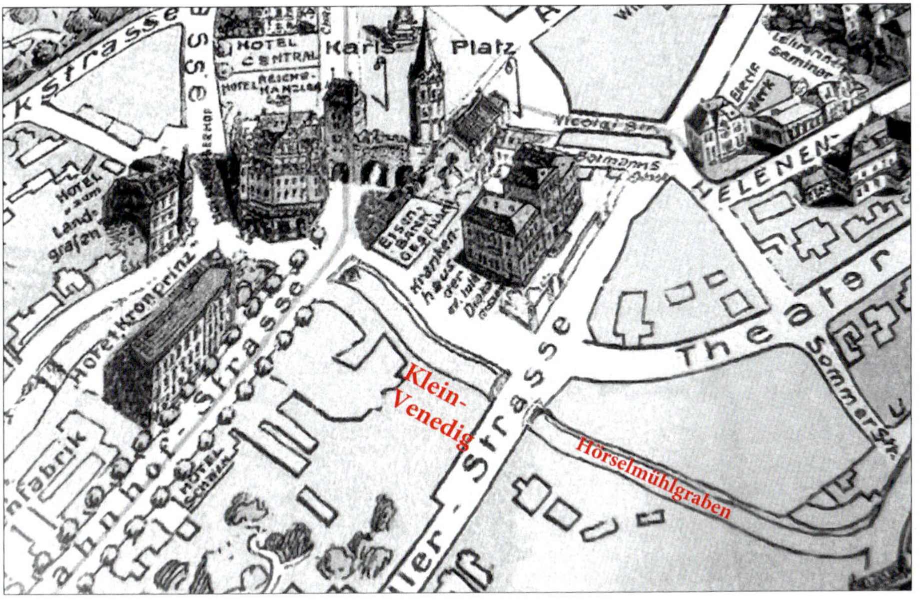

*Hörselmühlgraben unter der Bahnhofstraße durch Klein-Venedig zum Mühlgraben. Auszug Karte Monumentalplan Eisenach, um 1900. Entwurf und Zeichnung: Verlagsanstalt C. Jagemann. Inhaber Carl (auch Karl) Jagemann (*1866–†1930)*

Arzberger & Schöpff gegen die neuerliche Aufforderung des Stadtbaumeisters, die Angelegenheit der Firma anzulasten. Der Kleinkrieg ging weiter, denn alsbald verlangte die Stadt Reparaturen an der Mühlgrabenmauer. Man verlangte eine Aufschiebung des Termins, da der beauftragte Baumeister die Begutachtung noch nicht abgeschlossen hatte. Zudem habe man nun beschlossen, das an den Mühlgraben anliegende Haus abzubrechen. Und am 7. Mai 1887 teilten Arzberger & Schöpff mit, dass die Reparatur bereits ausgeführt worden sei. Im Gegenzug schwärzte die Firma den Restaurateur Simon (Bahnhofstraße 52) an, der sich des an seinem Hofe liegenden Schaufelschlag-Ufers als Lagerplatz für allerlei das Ufer des Mühlgrabens belastende Gegenstände bediene und zudem auf dem besagten Ufer Hühner verkehrten, die dieses aufkratzten.
Auch brachte man zur Kenntnis der Stadtverwaltung, dass eine Anzahl am linken Mühlgrabenufer liegender Häuser durch das Ufer Kanäle gelegt hätten, deren Abfluss die Uferböschung arg schädige. Der Kanal vom Hause Goldberg 5 (heute Waldhausstraße) führe direkt in ihre neu angelegten Faschinen. Und man ersuchte nun die Stadtverwaltung, diese ungehörigen Anlagen abschaffen zu lassen.
Die Anzeige der für den 21. August 1887 anberaumten Grabenfege, zu der man um Erlaubnis bat, hatte wieder einige für die Stadtverwaltung zu knackende Nüsse parat. Man forderte die Beseitigung der vom Regenwasser verursachten Rinnen und die Beseitigung von in die linke Mühlgrabenwand eingelegten Stufen seitens der Anlieger. Auch eine Reparatur der Brücke über die Bahnhofstraße, die seinerzeit nur mangelhaft ausgeführt worden sei, wäre vonnöten, ebenso eine Aufbesserung der linken Ufermauer zwischen Bahnhofstraßenbrücke und der Fabrikfahrbrücke. Ferner vermisse man die Beseitigung der Stauvorrichtung am Mühlgraben beim Schwimmbad. Und letztlich hatte man zu erwähnen, dass jetzt immer mehr Fischkästen in den Graben eingestellt würden; deshalb bitte man ergebenst, die Firma zu bevollmächtigen, deren Entfernung von den betreffenden Anliegern fordern zu können.
Am 6. September 1887 hatte die Stadtverwaltung bereits die Rechnung für die Reparatur der Ufermauer in der Bahnhofstraße parat und präsentierte sie der Farbenfabrik, deren Anteil (1/3) 15,93 Mark betrug.
Der seit Juli schwelende Konflikt um die Beseitigung des Eises aus dem Mühlgraben, der im Winter immer wieder aufflammen konnte und der im Juli des Jahres durch ein erneutes Schreiben der Stadtverwaltung einer Klärung zugeführt werden sollte, veranlasste die Farbenfabrik zu einer ablehnenden Erwiderung, die den bisher geltenden Status als einmalige Notsituation der Vergangenheit abtat und sich gegen die Verordnung in „ihrer Allgemeinheit“ verwahrte.
Indes tobte der Kampf um die Mühlgrabenufer mit wechselnden Partnern weiter; da es um sich immer wiederholende Themen ging, möchte ich den Leser nicht damit belasten. Neu war dabei nur ein weiterer Akteur, der Chemiker Rudolf Räuber, der Salmiakpastillen herstellte und sie in seinem Ladenlokal in der Goldschmiedenstraße vertrieb.

Jedenfalls war beim Lesen der Akte aufgefallen, dass sich die Fronten verhärtet hatten; die Hauptakteure Farbenfabrik und Stadtverwaltung tauschten nur noch gegenseitige Forderungen aus. So auch bei der bevorstehenden Reparatur des Fischbacher Wehres, das geschlossen werden musste, um diese ausführen zu können. Man stritt um die Beseitigung von Kiesbänken, die der Farbenfabrik oblagen, während diese behauptete, die Stadt sei zuständig, weil der Kies sich auf städtischem Gebiet angelagert hatte. Damit schloss die Akte.
15.1.1967 – Die noch verbliebenen Gebäude der Farbenfabrik Arzberger, Schöpff & Co. in der Waldhausstraße wurden abgerissen.
Damit ist aber leider das Kapitel Farbenfabrik noch nicht beendet, denn das kontaminierte Grundstück mit seinen Altlasten beschäftigt die Stadtverwaltung bis heute, auch wenn es nur noch um ungeklärte Parkhauskosten geht. Aber selbst diese können dem Etat einer Stadt schwer schaden; zu zwei unrentablen Parkhäusern muss ja nicht zwangsläufig ein drittes kommen. Eisenachs ehemaliger Bürgermeister Roese dachte sicher nicht daran, dass die Industrialisierung noch einige Generationen später derartige Auswirkungen haben würde. Was sind, könnte man die Frage aufwerfen, vielleicht achtzig Arbeitsplätze über einen Zeitraum von hundert Jahren gegenüber den Kosten, die heute anfallen, um ein Grundstück dieser Größe zu entgiften? Und das zweite wartet bereits am Rothenhof auf dem Grundstück der Dietelschen Bleiweißfabrik, wo hinter einem Maschendrahtzaun die Ausgabe weiterer Millionen €uro vor sich hin dämmert.

Die Untermühle

Am 22. Dezember 1736 wurde dem Hof-Kammerrat Johann Christoph Schmidt und dem Rentmeister Johann Christian Flick das Privileg des Verkaufs für den Mahlbetrieb über die Untermühle gemeinsam mit dem der Obermühle vor dem Nikolaitor ausgestellt. Ob sie zuvor bereits existierte, wissen wir nicht. Seit 1765 war die Untermühle Eigentum des Sebastian Walther, der sich damals einer Beschwerde des Tuch- und Raschmacherhandwerks wegen einer gelegten Fischreuse erwehren musste. Belegt ist er hier bis ins Jahr 1771. Danach hören wir eine ganze Weile nichts mehr über die Mühle. Sehr verwundern muss nun allerdings ein Verwaltungsakt, der sich im Jahr 1784 zutrug. Da war von einem Verkauf der Untermühle die Rede, die zum Stiftskollektureigentum gehöre. Wie kann eine Mühle, die seit 1765 im Besitz des Sebastian Walther war, plötzlich 1784 Stiftskollektureigentum sein? Erst in den Jahren 1834–1836 ist sie in den Händen von Sebstian Andreas Reinemann. Dessen Witwe Marie Reinemann verkaufte sie 1842 an David Kayser und Bernhard Ackermann.
Das Gewerberegister der Stadt Eisenach vermerkt für das Jahr 1863 einen Müller namens Bachnicke als Besitzer der Untermühle.

Benjamin Voigt, der neben der Mahl- auch eine Senfmühle angelegt hatte, die nun unter der Bezeichnung Bahnhofstraße 21 zu finden war, betrieb sie von 1887 bis 1892. Unter Johann Voigt war die Mühle von 1894 bis 1903 in Betrieb. Neuer Eigentümer wurde 1905 Heinrich Heck, der dem Firmennamen noch die Bezeichnung „Eisenacher Brotfabrik" beilegte und bis 1908 in den Eisenacher Adressbüchern zu finden war.

Blick über dem Hörselmühlgraben zur Untermühle: Fritz Rollberg, um 1906.

Klein-Venedig mit dem noch offenen Hörselmühlgraben vor dem Gerberhäuschen und der Untermühle im Hintergrund. Blick aus Richtung Bahnhofstraße.
Foto: Fritz Rollberg, um 1906 [1]

Die Häuserzeile von Klein-Venedig nach dem Verfüllen des Hörselmühlgrabens. Die Aufnahme des unbekannten Fotografen entstand im Jahr 1920.

Brod Fabrik

Bilderserie mit Blick aus Richtung Bahnhofstraße Richtung Klein-Venedig vor und nach der Verfüllung des Hörselmühlgrabens.
Sammlung Karlheinz Büttner sowie eine Ansichtskarte.

Die Lohmühle hinter der Untermühle

Immer wieder das verflixte Wetter

1827. [A] Das Wetter, Feind der Müller: Im Februar 1827, der sehr kalt war, machten sich der Fischmeister Hermann Bonewitz und der Burgmüller Ehrhardt Sorgen um den Mühlgraben und die Mühlen. Die Müller sollten besonders auf ihre Schützrinnen achten, damit sich dort kein Eis ablagerte, während Ehrhardt, der seine Tochter Anna Gertrude Schmidt als Übermittlerin der Nachricht entsandt hatte, vor dem Grundeis warnte, dass sich bei solchen Wetterlagen vor den Gerinnen der Mühlen bilden könnte.

Und wieder verfiel man in Hektik, benannte Sachverständige und Kontrolleure; allein die Ursachen des Vereisens des Mühlgrabens hatte man bisher nicht beseitigt. Der Graben an der Spickenmühle war nicht verbreitert und vertieft worden; nicht einmal die Kosten für die vergangenen Arbeitseinsätze waren in voller Höhe beglichen worden. Immerhin kündigte der Burgmüller Gebhardt die Zahlung seines ausstehenden Betrages für die nächsten Tage an. Sie hatte, falls sie stattfinden sollte, zwei Jahre in Anspruch genommen. Als die

In der Bahnhofstraße, hinter den Gerberhäusern von Klein-Venedig und der Untermühle, stand bis ins Jahr 1969 dieses wohlgestaltete Haus der Gerberzunft, eine Lohmühle, deren hübsches Mansarddach darauf hinwies, dass der Dachboden zum Trocknen von Gütern verwendet wurde, in diesem Fall wahrscheinlich von Leder oder von Gerberlohe. In Orten, in denen Bürger, mehr noch Angehörige der Verwaltung, Geschichtsbewusstsein besitzen und dessen Zeugen der Nachwelt erhalten wurden, wäre ein solches Gebäude heute mit Sicherheit ein Augenschmaus. Leider nicht so in Eisenach, denn es fiel leider dem Bagger zum Opfer. Foto: Sammlung Eilers 1337

Die Lohmühle der Gerberzunft am Verbindungsweg nach der Schillerstraße.

Polizei-Kommission damals auch die offenen Beträge in der Stadtkasse zählte, erfasste man auch die Mühlen und ihre Triebwerke. In der Stadt Eisenach existierten damals 29 Wasserräder.

Und so traf, wie bereits befürchtet, am 13. August 1829 ein Brief in der Großherzoglichen Polizei-Kommission ein, in dem Bernhard Ehrhardt, Bernhard Arnold, Johann Valentin Angermeyer, Johannes Reinemann, Anna Barbara Kehr und Ferdinand Reinemann mitteilten, dass sie nicht zahlen könnten und in Zukunft von derartigen Forderungen verschont bleiben möchten. Es solle zur Regel werden, rechtzeitig vor Beginn des Winters mit allen Beteiligten solche Arbeiten zu verrichten.

Natürlich konnten solche Arbeiten nicht im Winter ausgeführt werden. Am 12. April 1829 vermeldete Polizei-Inspektor Lorenz, dass er sechs Tagelöhner mit dieser Aufgabe betraut hatte und für den nächsten Tag noch zwei weitere anstellen werde.

Um sich künftig gegen die Verwahrlosung des Mühlgrabens besser wehren und dabei die Müller an ihre Pflichten erinnern zu können, erließ die Polizei-Kommission unter dem 9. September 1829 eine weitere Strafandrohung, bei der jedes Vergehen pro Mahlgang mit drei Talern Strafe belegt werden konnte. Das den Müllern präsentierte Schriftstück musste von diesen abgezeichnet werden.

Und so gelangen wir zu diesem Zeitpunkt zu einer Liste von 12 Mühlen:

Burgmühle (Ehrhardt)
Obermühle (Fa. Eichel & Cramer)
Nadelmühle (Christoph Ferdinand Reinemann)
Kleine Nadelmühle (Witwe Anna Barbara Kehr)
Arnoldsche Mühle (Bernhard Arnold)
Mühle unter dem Gang (Christian Streiber)
Walkmühle (Wolf Matthes)
Reichhardtsche Ölmühle (Orban Reichhardt)
Herrenmühle (Heinrich Kaiser)
Bachmannsche Ölmühle (O. Bachmann)
Spickenmühle (Matthes)

Der nächste Winter kam. Und mit ihm auch die erste Stellungnahme des neuen Berichterstatters für die Eisenacher Polizei-Kommission, des Müllers Friedrich Matthes am 5. Februar 1830.[53] Dieser bemerkte: So lange nicht noch stärkere Kälte eintritt und der Wasserstand vermindert wird, ist ein gänzliches Einfrieren der Mühlen nicht zu befürchten, freilich muss aber strenge Aufsicht auf das Reinhalten der Gerinne und der Mühlrechen gehalten werden. Wenn dies geschieht, können bei dem gegenwärtigen Wasserstand bei der Burg- und Nadelmühle zwei Gänge fortwährend erhalten werden. Was die unterhalb der

---

[53] StAE 10 C.XIX.W.13, f. 87 f.

Nadelmühle gelegenen Mühlen betrifft, so ist leider schon so viel Stauwasser eingetreten, dass die Herrenmühle bereits stille steht und die Grüne Mühle kaum noch schroten kann. Sollen diese unterhalb der Nadelmühle gelegenen Mühlen in Gang gebracht werden, so muss nach dem Urteil Sachverständiger das Eis von der Mündung des Mühlgrabens herauf durchgehauen und ihm eine Bahn gemacht werden, was aber die Müller ohne Beihilfe nicht zu leisten vermögen. So schwierig auch die Ausführung dieses Gutachtens sein mag, so wird, wenn auf baldige gelinde Witterung nicht zu rechnen ist, doch schleunige Anstalt dazu gemacht werden müssen.

Am 13. Februar machte die Großherzogliche Landes-Direktion zu Weimar auf ihr Reskript vom März 1826 aufmerksam, nach dem der Mühlgraben unterhalb der Spickenmühle erweitert und vertieft werden müsse, dies aber noch immer nicht geschehen sei.

Die Antwort aus Eisenach kam am 9. April 1830 und verhieß den Eisenacher Müllern und Mühlgrabenanliegern nichts Gutes, denn hier hatte erneut eine Besichtigung durch den Stadtrat stattgefunden, die zu dem Ergebnis gekommen war, dass die bereits bekannte Hauptursache für die nachteiligen Folgen der Mühlenbesitzer verantwortlich ist. „Letzteren liegt daher, als Eigentümern dieses Grabens, einzig und allein ob, für dessen Erhaltung zu sorgen und daher bei nächster Grabenfege sowohl den Graben an besagter Stelle bis zur Normalbreite zu erweitern, als auch die Grabensohle tiefer, jedoch mit Beobachtung gleichen Gefälles, ausgraben zu lassen."

Am 27. Mai 1830 wandte sich der Fischmeister Sixt August Hermann Bonewitz an die Stadtpolizei-Kommission, um gemeinsam mit einigen Mitunterzeichnern die Müller anzuzeigen:

„Bei starken Regengüssen und Gewitter-Regen haben wir öfter die Gelegenheit gehabt zu bemerken, dass die hiesigen Müller die Schützbretter für ihren Fachbaum nicht gehörig öffnen oder herausziehen, woraus dann die Gefahr entsteht, dass die zunächst liegenden Häuser, besonders an der Fischerstadt und vor dem Nadeltor ohne wirkliche Not unter Wasser gesetzt werden, welches in der Nacht vom 24. zum 25. Mai, uns zum größten Schrecken und Schaden zu teil geworden ist; wo die Müller vorm Nadeltor, und die Müller der Grünen, Grauen und sogenannten Reichardtschen Mühle diese Vernachlässigung sich haben zu Schulden kommen lassen, wodurch uns nebst dem unerhörten Schrecken, der Ruin mehrerer häuslicher Effekten und sonstiger Schaden zu teil geworden ist, auch das Ufer an der Fischerstadt, welches außerdem nicht im besten Stande ist, ist vollends ruiniert worden. Wir fühlen uns daher notgedrungen Großherzogliche hochverehrliche Stadtpolizei-Kommission dringend zu ersuchen, gedachten Müllern streng anzusagen und zu befehlen, für die Zukunft bei entstehenden starken Regengüssen durchaus keine Schützbretter vor ihren Mühlen aufzuziehen stehen zu lassen, wir wären jetzt schon berechtigt gewesen, gegen solche klagbar zu werden, und um Schadloshaltung dieselben anzuhalten, allein das

Vertrauen auf die hilfreiche Hand der Großherzoglichen hochverehrlichen Stadtpolizei-Kommission lässt uns die gerechteste Hilfe für die Zukunft erwarten, welches wir mit dankbarer Verehrung erkennen werden."[54]

Immer wieder sahen sich Eisenachs Bewohner widrigen Witterungsbedingungen ausgesetzt. Unwetter, Überschwemmungen, Frost, aber auch Hitzewellen, die verheerende Trockenheit verursachten, erschwerten das Leben in Fachwerkbauten mit dünnen Wänden in Räumen, von denen zumeist nur einer wegen des knappen Heizmaterials im Winter zu beheizen war. Man war den Unbilden der Natur unmittelbar ausgesetzt, wozu die ärmliche und zum Teil auch unzweckmäßige Kleidung beitrug. So war es kein Zufall, dass das Wetter nie ausgehenden Gesprächsstoff lieferte, besonders wenn das Thermometer Minusgrade anzeigte.

So auch im Januar 1677, als sich der Hoffischer Reichart aufmachte, um seinem Eisenacher Stadtrat zu empfehlen, dass dem Wassermeister der Auftrag erteilt werden solle, das Eis von den Wehren wegzuschaffen, damit es nicht die Mühlen zum Stillstand bringe. Man solle den Mühlmeistern davon Kenntnis geben und sie zu Rate ziehen.

Doch die hätten es ja eigentlich selbst sehen können, was da passierte. Und hätten auch danach handeln können.

Reichart hatte aber noch ganz andere Ideen. Er wollte, dass die eisfreie Nesse so umgeleitet würde, dass sie den Hörselmühlgraben mit ihrem wärmeren Wasser versorgte und damit ebenfalls eisfrei halten sollte. Damit hätte er den Vorteil gehabt, dass die Fische den Winter überlebt hätten.

Als nächster war am 9. Januar 1677 der Burgmüller Conrad Gesell beim Stadtrat vorstellig geworden, um sich darüber zu beschweren, dass die Nollen- und Walkmüller die Schützbretter aufgezogen und auf den Schrittsteg geworfen hätten. Sie befürchteten, dass ihnen bei dem Grundeis das Wasser ausginge.

1823.[A] Polizeiliche Anordnungen bei strenger Kälte wegen Mahlens der Brotfrucht.[55]: Der Winter des Jahres 1823 schien es in sich gehabt zu haben, denn Temperaturen von –20° Celsius brachten die Eisenacher Mühlen in große Schwierigkeiten. So durfte zunächst nur noch geschrotet werden, um die Bevölkerung mit Brot versorgen zu können. Mehl durfte gar nicht hergestellt werden. Am 4. Januar untersuchte der Zimmermann Bartelmes im Auftrag der Polizeikommission den Mühlgraben und stellte fest, dass dieser in einer Breite von 5–7 Fuß aufgeeist werden müsste. Aber es konnten bis zum 9. Januar lediglich 3 Tagelöhner angestellt werden, die zudem unter keiner Aufsicht standen und sich den Anordnungen widersetzten. Nun wurden auch die Müller angehalten, auf ihre Kosten Arbeiter zu gewinnen. Da die Arbeiter das Eis zwar brachen,

---

54 StAE 10 C.XIX.W.13, f. 91 f.

55 StaAE 10 C.XIX.W.17

aber nicht herauszogen, war am 12. Januar der Graben wieder zugefroren. Noch am 25. Januar erging durch die Stadt-Polizei-Kommission an alle Müller und Bäcker eine entsprechende Aufforderung im Eisenachischen Wochenblatt. Die Gefahr war jedoch noch längst nicht überwunden, denn auch die wenigen noch mahlenden Mühlen konnten bei einsetzendem Tauwetter und verstärktem Eisgang schwere Schäden nehmen.

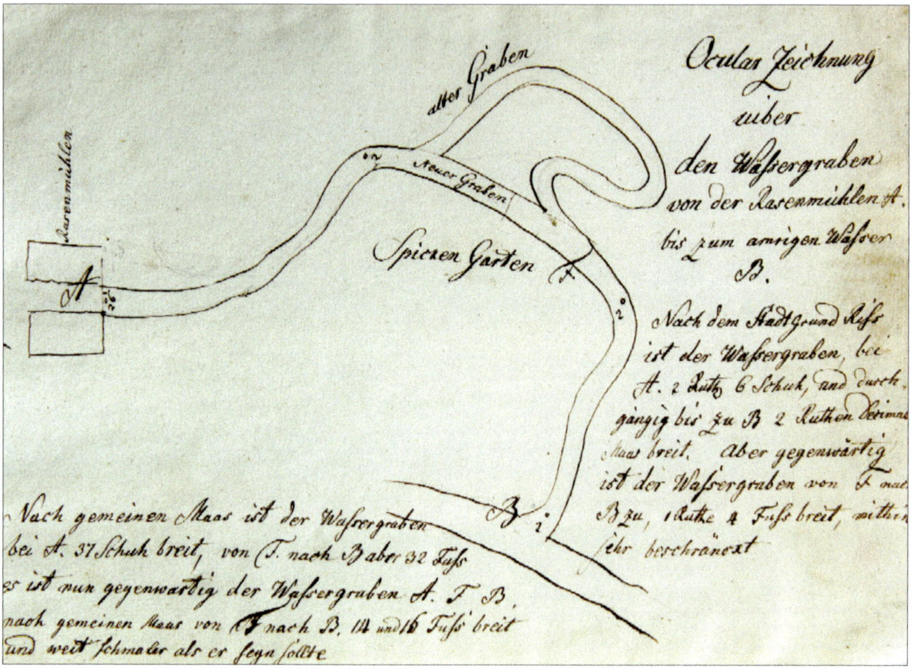

Okular-Zeichnung über den Mühlgraben von der Rasenmühle bis zum amrigen Wasser. (StAE. C.XIX.W.11)

Um jedoch einen ungefähren Plan aller in Eisenach ansässigen Mühlen zu erhalten, bedienen wir uns zunächst des 1837 erschienen Storchschen Werkes[56], das jedenfalls die zu dieser Zeit vorhandenen Triebwerke in der Stadt vollständig erfasst hatte.

[56] Storch, Johann Wilhelm: Topographisch-historische Beschreibung der Stadt Eisenach so wie der sie umgebenden Berge und Lustschlösser, insbesondere der Wartburg und Wilhelmsthal nebst Regenten-Geschichte. Johann Friedrich Bärecke, Eisenach 1837.

Es nannte – Am Nesseflusse:
1) Die Neue Mühle
2) Die Pulvermühle
Am Hörselmühlgraben:
3) Die Obermühle
4) Die Mahlmühle in der Vorstadt Nicolai mit zwei Gängen am rechten Ufer
5) Die Walkmühle gegenüber mit einem Rade
An dem vereinigten Hörsel- und Nessemühlgraben:
6) Die Burgmühle hinter der Clemda (3 Mahlgänge)
7) Die Wollenspinnmühle (2 Räder), war früher Öl- und Schneidemühle
8) Die große Nadelmühle (3 Räder)
9) Die Mühle unter dem Gange (3 Mahlgänge)
10) Die Hospitalmühle (4 Räder)
11) Mühle gegenüber der Hospitalmühle (2 Mahlgänge)
12) Die weiße Mühle (3 Räder)
13) Mahl- und Ölmühle gegenüber der weißen Mühle (1 Rad)
14) Die Herrenmühle (3 Mahlgänge)
15) Öl- und Walkmühle gegenüber der Herrenmühle (1 Rad)
16) Lohmühle (1 Rad)
17) Die Rasenmühle, auch Eselsmühle (1 Rad)
18) Öl- und Walkmühle gegenüber der Rasenmühle (1 Rad)
Warum Storch nicht die kleine Nadelmühle nannte, war nicht zu ergründen. Sie könnte sich in der „Mühle unter dem Gange“ verbergen, die durch ihre Nähe zur großen Nadelmühle (auf dem gegenüberliegenden Ufer) dazu prädestiniert wäre. Er erwähnte in seinem Buch auch nicht die Rothenhöfer Papiermühle. Vielleicht sah er die Papierherstellung nicht als typische Müllertätigkeit an, obwohl sie damals bereits 100 Jahre existierte. Ebenso fehlte die Spicke mit ihrer Mühle, sie wurde lediglich als Gaststätte mit Kegelbahn genannt.

Die Burgmühle

Erste Nennung der Burgmühle bei der Aufstellung des „Registrum Dominorum Marchionum Missnensium“ unter den Besitzungen des Amtes Wartburg im Jahr 1378.

1677. [A] Akten und Urkunden über die Burgmühle.

1689. [A] Das zwischen dem Öl- und Burgmüller angestellte Verhör wegen eingesetzter Schutzbretter.

1691. [A] Die Reparatur des bösen Weges und Einfahrt bei der Burgmühle.

1728. [A] Die Beschwerde Joh. Georg Walthers über des Burgmüllers Mahlknecht wegen Abwendigmachung der Mahlgäste.

1759. [A] Damm- und Wassergraben-Pachtkontrakt zwischen den Besitzern der Burg-, grossen und kleinen Nadelmühle.

Die Burgmühle lag hinter der Burg Clemda, von der sie einst auch ihren Namen bezogen hatte, auf dem Gebiet der heutigen Karl-Marx-Straße. Ihr erster, namentlich genannter Besitzer war Hans Gesell im Jahr 1589. Sein ihm nachfolgender Sohn gleichen Vornamens starb 1635 an der Pest und hinterließ die Mühle seinem Bruder Konrad. Ein Aktenstück aus dem Jahr 1677, das Urkunden über die Burgmühle enthalten haben soll, ist verschollen genau wie der Bericht über die Reparatur des „bösen Weges" und die Einfahrt bei der Burgmühle von 1691; sie scheint stattgefunden zu haben, denn der Name taucht später nicht mehr auf. Damals führte ein einziger Weg parallel zur Stadtmauer mit dem vorgelagerten Stadtgraben aus Richtung des Nikolaitores und mündete vor dem Nadeltor in die Ausfallstraße, die nach Norden aus der Stadt herausführte. Nur hier kann sich also der „böse Weg" befunden haben. Weiter östlich und vom Hörselmühlgraben begrenzt, befand sich mit der Schützenlache ein Feuchtgebiet, über dessen „Aufräumung" 1764 ein ebenfalls verschollener Bericht Auskunft gab. Sieben Jahre später, im Jahr 1771 stand ein weiterer Eigentümerwechsel in der Burgmühle an. Der Müller David Duphorn war von nun an bis 1795 hier verortet.

Den folgenden Vorgang, wohl eine der ersten Amtshandlungen des Duphorn, der die Legung eines neuen Fachbaums an der Burgmühle zum Inhalt hatte, haben wir in ganzer Breite ausgeführt, damit dem Leser die Vorgehensweise der Stadtverwaltung bei einem solchen Amtsakt dargelegt werden kann. Sie bediente sich durchaus auch demokratischer Umgangsformen und zeigte, dass in damaliger Zeit sich bereits Bürger ihrer Rechte bewusst waren und diese wahrnahmen. Wie wir bereits wissen, begrenzte vor jeder Mühle ein waagerecht und quer zur Fließrichtung in den Wasserlauf eingebauter Fachbaum die Höhe des Wasserspiegels. Er war ein wesentlicher Teil des Gefälle-Systems des jeweiligen

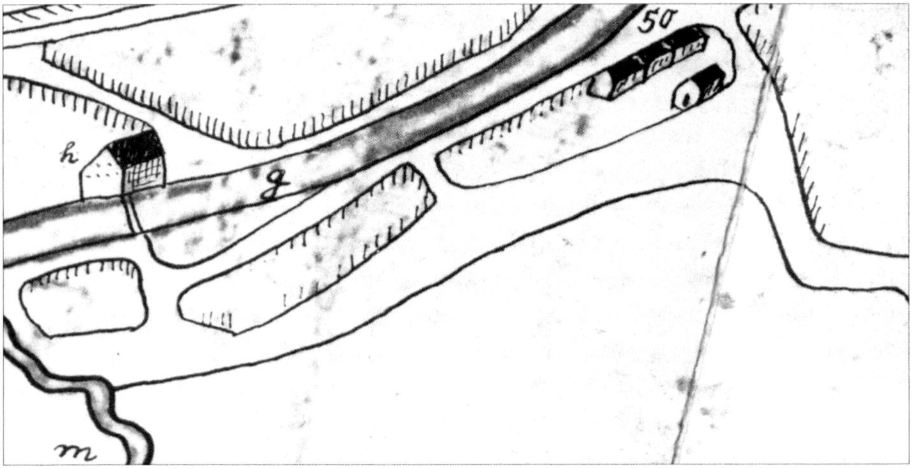

Karte von 1717. h = Burgmühle, g = Nessemühlgraben, m = Schützenlache; 50 = Fischerstadt. Aus: Paul Lehfeldt und Georg Voss: Bau- und Kunst-Denkmäler Thüringens. Heft XXXIX. Grossherzogtum Sachsen-Weimar-Eisenach. Amtsgerichtsbezirk Eisenach. Lieferung 2: Die Stadt Eisenach. 1915 – nach Seite 256 | 352

Mühlgrabens und sollte gewährleisten, dass jede Mühle das zu ihrer Tätigkeit notwendige Wasser erhielt. Das Legen eines Fachbaums genoss größtes Interesse der anliegenden Müller und wurde öffentlich als Amtsakt ausgeführt. Wir dürfen uns heute nicht darüber wundern, dass die Müller mit Argusaugen darüber wachten, dass ihnen kein Nachteil entstand, denn dieser konnte ihre Existenz bedrohen. Nicht nur die Lage des Fachbaums der betreffenden Mühle war wichtig, ebenso wichtig war die Lage des Fachbaums der zunächst folgenden Mühle, denn lag dieser einen halben Zoll zu hoch, konnte das aus dem Mühlrad auslaufende Wasser einen Rückstau bewirken, das die Geschwindigkeit des Rades verlangsamte. Dazu kam noch, dass bei so manchem Fachbaum oder dem ihn beigeordneten Sicherpfahl, der das Ergebnis des Einmessens bestätigte, da er in der Nähe des Fachbaums an Land eingebaut wurde, heimlich Hand angelegt wurde, um ein günstigeres Ergebnis zu erzielen. Da wurde mit dem Hammer schon einmal ein Sicherpfahl etwas abgesenkt oder auch durch Ausgraben und erhöhtes Wiedereinbauen dieser ein wenig erhöht. All dies kam vor und führte oftmals auch zu langwierigen Revisionen oder Korrekturen, nicht selten auch zu empfindlichen Strafen. So auch bei dem folgenden Fall des Müllers Duphorn in der Burgmühle, der das „Aufräumen", das Entfernen des alten Fachbaums lieber schon einmal vorweg nahm.

Actum Eisenach den 20ten August 1771[57]
Anna Gertruda, des Mahlmüllers Duphorn in der Burg-Mühle Eheweib sagt aus, dass, weil ihr Ehemann einen neuen Fachbaum legen lassen wolle, und heute der alte Fachbaum und Sicherpfahl aufgeräumt werde … vom Fürstlichen Ober-Amte die Besichtigung um 1 Uhr heute Nachmittag vorgenommen werde. Sie wäre in denen unten hinaus gelegenen Mühlen gewesen und hätte dem Pacht-Müller gesagt, dass sie ihren Mühl-Herren melden möchten, damit diese auch um 1 Uhr bei der Burg-Mühle sich einfinden möchten. Der Mühlmeister Georg Duphorn hätte den Fachbaum gemacht und solle solchen legen. Zugleich wolle sie melden, dass der Mahlmüller Sebastian Walther in der Unter-Mühle vor dem Nicolaus-Tor, welcher als ehemaliger Pächter in der ihr und ihrem Ehemann nunmehr eigentümlich zustehenden Burg-Mühle, den vorherigen Fachbaum legen lassen hatte, zur damaligen Zeit ein Stück von dem eisernen Nagel, welcher auf dem Sicherpfahl gewesen, abgeschlagen haben solle. Fürstliches Ober-Amt möchte doch also diesen Walther auch mit dazu gehen lassen.

Fürstl. Ober-Amt:
Es müsste der Baumeister Schmidt, zwei Scabini [Schöffen] vom Stadtrat, auch der Mühlenmeister Jonas Schröder dabei sein. Fürstlichen Ober-Amts wegen wolle man zwar diese nach 1 Uhr dahin zu kommen, bescheiden lassen, und wird aber auch darauf ankommen, ob die Mühl-Herren deren unten sich gelegenen Mühlen nach 1 Uhr kommen würden. Es solle auch der Unter-Müller Sebastian Walther zu dieser Mühle zu kommen, befehligt werden. C. Zellmann

57 StAE 10 C.XIX.W1

Eodem [An dieser Stelle] nachmittags um 2 Uhr.
Nachdem zu der von dem Burg-Müller David Duphorn erbetenen Besichtigung des alten Fachbaums und Sicherpfahls sich bei der Burg-Mühle Herr Rat und Amtmann Boetner, Herr Amts-Secretarius Rupert, ich der Actuarius Zellmann, nebst denen beiden Scabinis (Schöffen) Herr Hof-Advocat und Rats-Kämmerer Jacobi, Herr Hof-Advocat und Rats-Kämmerer Herda, ingleichen Herr Baumeister Schmidt sich eingefunden, auch nachstehende Mühlen-Interessenten:
Herr Rath Secretarius Herda, als Teilhaber der Kleinen Nadelmühle, Herr Rath und Archiv-Secretarius Heim, als Teilhaber der Großen Nadelmühle, Herr Kommerzienrat Streiber und Herr Johann Christian Böhr als Besitzer der Walk-Mühle an der kleinen Nadelmühle, Herr Wachtmeister Cossius, des Herrn Kommerzienrats von Kühns nachgelassenen Erben, als Besitzer der Weißen Mühle, ingleichen David Duphorn als Besitzer der Burg-Mühle, herbei gekommen waren; so wurde mit der Besichtigung vorgeschritten und befunden, dass der alte Fachbaum aufgeräumt und an beiden Enden die Loterde und Steine, welche um und über solche gelegen, heraus geschaufelt war, jedoch wurde man nicht gewahr, dass solcher aus seiner alten Lage verrückt oder mit Keilen in die Höhe getrieben worden, wie Herr Baumeister Schmidt, ingleichen die ebenfalls vorbeschiedenen zwei Mühlenmeister Jonas Schröder und Georg Duphorn versicherten, dass man nichts von einer Veränderung oder Erhöhung daran gewahr würde, sondern dass sich solcher, soviel er von weichem und Tannenholze sei, vielmehr auf den Lagersteinen zusammengesetzt habe. Der Sicherpfahl, welcher bei der Walkmühle stand, war auch aufgegraben, so dass man das obere Teil desselben heben konnte.
Herr Rat und Amtmann Boetner befragte den Besitzer der Burgmühle David Duphorn, wer den Fachbaum und Sicherpfahl aufgeräumt habe?
David Duphorn: Er habe es durch die beiden Maurer Christian Hahmann und Wilhelm Reichardten tun lassen, vorher aber dem Herrn Amts-Sekretarius Rupert melden lassen, dass der Fachbaum und Sicherpfahl aufgeräumt und besichtigt werden solle. Der Herr Amts-Sekretarius Rupert wäre auch heute früh da gewesen.
Herr Rat und Amtmann Boetner: Er habe die Besichtigung nicht verfügt, sondern gesagt, es müssen der Herr Baumeister Schmidt, die Mühlenbaumeister, die Scabini und die übrigen Interessenten der Mühlen dabei sein.

Sämtliche Mühlen-Interessenten:

Es habe sich gebührt, dass sie mit dazu gezogen und ihnen vorher zeitig Nachricht davon gegeben worden.

Fürstliches Ober-Amt:

Zwar wolle man nunmehr zuförderst den Sicherpfahl noch mehr aufräumen lassen und sehen ob solcher also, wie er in dem Protokoll vom 15. Juli 1711 beschrieben worden, beschaffen sei, weil diejenigen Acta da vor 30 Jahren der Fachbaum, welcher jetzo heraus genommen werden sollte, bei Fürstlichem Ober-Amte nicht vorhanden, zu welchem Ende auch sothanes Protokoll sämtlichen Anwesenden vorgelesen wurde.

Nach beschehener besseren Aufräumung des Sicherpfahls wurde befunden, dass dieser eben also, wie er im vorgedachten Protokoll beschrieben, nämlich oben mit einem eisernen Kreuz und auf den 4 Ecken ingleichen in der Mitte mit einem eisernen Nagel beschlagen, und oben her mit einem eisernen Ring umgeben, beschaffen. Die Distanz vom Sicherpfahl bis an den mittleren Träger der Ölmühle zu 22 Schuh, wurde auch noch also befunden, hingegen die Distanz vom Sicherpfahl bis an das Wasser, nicht 13 sondern 14 Schuh, welches wohl vorgekommen, dass die … am Wasser um 1 Schuh weiter nach dem Wasser zu getrieben oder sich gesenkt hat.
Man fand auch noch, dass unter dem eisernen Kreuz eine eiserne Platte und auf den 4 Seiten des Sicherpfahls 4 eiserne Federn hinunterwärts angenagelt waren. Die Kuppen derer Nägel waren mehrenteils platt, und mögen solche wohl vorher höher gewesen vom Rost aber abgefressen sein.
Hierauf wurde von dem Herrn Baumeister Schmidt und denen beiden Mühlmeistern Schröder und Duphorn, die Höhe des alten Fachbaums nach dem Sicherpfahl so wohl mit der Wasser als Setz-Waage abgewogen, und befunden, dass solcher in der Mitte 2 ½ Zoll abgezehrt und sich gesenkt hatte, am Ende aber war solcher in der Lötherde [grüne Tonerde, hauptsächlich in Thüringen vorkommend] an der Walkmühlenmauer gelegen, 1¾ Zoll höher lag als der Sicherpfahl. Die hierzu gebrauchten Stäbe wurden in Verwahrung genommen.
Hiernechst wurde Sebastian Walther, Unter-Müller vor dem Nicolaus-Tor über David Duphorns Eheweibes Angaben, ob er bei Legung des alten Fachbaumes ein Stück von dem eisernen Nagel oben auf dem Sicherpfahl in der Mitte, abgeschlagen hätte, vernommen.

Sebastian Walther:
Es wären ungefähr 30 Jahre als er den Tannenen Fachbaum, welcher jetzt heraus genommen werden sollte, legen lassen. Er wäre damals Pachter von der Burgmühle gewesen. Leugnete, dass er damals ein Stück von dem eisernen Nagel, welcher auf dem Sicherpfahl in der Mitte gewesen, abgeschlagen habe. Er habe seit der Legung dieses Fachbaumes den Sicherpfahl nicht aufgeräumt, er ließe sein Leben dabei, wenn ihn jemand dessen beschuldigte. Der Nagel, welcher damals auf dem Sicherpfahl gewesen, wäre jetzt noch darauf.

Anna Gertruda, David Duphorns Eheweib:
Georg Duphorn, Mühlmeister und Justinus Duphorn in seiner Mühle hätten ihr solches gesagt.

Georg Duphorn, Mühlmeister:
Sebastian Walthers Bruder Jacob Walther, hätte ihm in voriger Woche in der grünen Mühle gesagt, wie der alte Fachbaum gelegt und vorher der Sicherpfahl aufgeräumt worden wäre, der Nagel auf dem Sicherpfahl voll Rost gewesen und darauf geschlagen worden, dass Stückgen davon gesprungen.

Sebastian Walther:
Es wäre wahr, dass Rost auf dem Nagel gewesen, der damals dabei gewesene Baumeister Körtschner hätte gesagt: der Nagel müsste rein gemacht werden. Da

nun der Rost abgerieben worden, er wisse nicht mehr ob er es selbst oder wer es sonst getan: war der Nagel nur noch einen halben Zoll hoch gewesen, so habe er Referent gesagt, solcher müsse einen Zoll hoch sein. Der Fachbaum wäre also einen halben Zoll höher als der Sicherpfahl gelegt worden. An den Ecksteinen, sowohl der Mahl- als auch der Walkmühle wären damals Zeichen mit einem Meißel gemacht worden, welche man aber nicht mehr sehen könne.
Den alten Fachbaum habe er selbst mit legen helfen. Bei der Besichtigung des Sicherpfahls habe sich gefunden, dass der Nagel in der Mitte oben drauf verrostet gewesen. Es wäre der Rost mit einem Hammer herunter geschlagen worden, und wäre solcher nachdem solches geschehen, nur noch ½ Zoll hoch gewesen. Der Fachbaum wäre also ½ Zoll wegen des abgerosteten Nagels und noch 1 Zoll wegen des Zehrens, mithin 1½ Zoll höher als der Sicherpfahl gelegt worden, dieser wäre unverändert geblieben. Seine Aussage könne er beschwören, wenn es verlangt würde.

Fürstl. Ober-Amt:
Weil die Höhe des alten Fachbaums nach dem Sicherpfahl abgemessen worden, so könne der Burgmüller David Duphorn nunmehr den alten Fachbaum herausnehmen und den neuen Fachbaum einlegen mit dessen Befestigung aber bis auf derer anderen Mühlen-Interessenten Erklärung, welche sie, weil das Wasser bald wieder angehen müsse, zu beschleunigen hätten, noch zur Zeit Anstand nehmen.
C. Zellmann, Amts-Actuarius
Wilhelm Esaias Herda.

Actum Eisenach den 21. August 1771
Nachdem bei Fürstl. Sächs. Ober-Amte allhier der Herr Rat und Lehn-Secretarius Herda einen Umlauf wegen des neu zu legenden Fachbaums an die Interessenten derer übrigen Mühlen vorgezeigt, nach welchem er den Vorschlag getan, dass der neue Fachbaum, so wie der alte, nämlich 1¾ Zoll höher als der Sicherpfahl gelegt, hingegen dieser nicht verändert und also beides in statu possesionis bleiben solle, diesen Vorschlag auch der Herr Rat und Archiv-Secretarius Heim als Teilhaber der großen Nadelmühle beigefallen, die übrigen Mühlen-Interessenten hingegen, als Herr Ober-Kommerzienrat Streiber und Herr Johann Christian Bähr als Besitzer der Walkmühle an der kleinen Nadelmühle, Herr Land-Kammerrat von Kiche, Herr Wachtmeister Cossius nomine des Herrn Legationsrat Schmidt zu Weimar und Herrn Regierungsrat von Koppenfels daselbst, als Teilhaber der Weißen Mühle, Paul Mattheß als Besitzer der Walkmühle bei der Herrschaftlichen Mühle den neuen Fachbaum nur 1½ Zoll höher als den Sicherpfahl legen lassen wollen, weilen nach Aussage Jacob und Sebastian Walthers, der alte Fachbaum im Jahr 1730 1½ Zoll höher als der Sicherpfahl gelegt worden, so wurde acto auf Nachsuchen des Burgmüllers David Duphorn der neue eingelegte Fachbaum besichtigt, und fanden sich zu dem Ende der Herr Rat und Amtmann Boetner, Herr Amts-Sekretarius Rupert, und ich, der Actuarius Zellmann, ingleichen der Herr Baumeister Schmidt, die Mühlenbau-

meister Jonas Schröder und Johann Georg Duphorn, Herr Assesor Hofmann und Herr Rat und Archiv-Sekretarius Heim als Besitzer und Teilhaber der großen Nadelmühle bei der Burgmühle ein.
Da nun, nach beschehener Abwiegung des neuen eingelegten Fachbaums, wozu die die gestern gebrauchten zwei Stäbe, jeder zu 5 Schuhen, genommen wurden, sich zeigte, dass der Fachbaum 1¾ Zoll höher als der Sicherpfahl, und eben also wie der alte Fachbaum eingelegt war, die anwesenden Herrn Mühlen-Interessenten auch, auf beschehene Remonstration von Seiten des Fürstl. Ober-Amts, dass man den neuen Fachbaum nicht niedriger legen könne als den alten, indem der Burgmühlenbesitzer David Duphorn sich auf die Possession gründen würde, auch solches nicht einlassen wollte.
[Man vertagte sich nun auf den nächsten Tag, der sich nur dadurch unterschied, dass nun auch Caspar Kehr, Pächter der kleinen Nadelmühle und Adam Kehr, Pächter der großen Nadelmühle, zugegen waren. Auf die Eingabe der Mühlen-Interessenten, die zwar zugeben wollten, dass von dem nunmehr verwendeten kupfernen Nagel auf dem Sicherpfahl so viel abgenommen werden müsse, dass der Fachbaum um 1 Zoll höher sei, der ehemals schon zugegeben worden sei. So wurde die Sache endlich zum Abschluss gebracht, nachdem man mit einer hölzernen so genannten Jungfer einige Schläge auf den Sicherpfahl ausführte und so das Fundament festigte. Danach wurde der Sicherpfahl wieder mit Erde verschüttet und auf dessen Oberfläche ein Sandstein gelegt, worin ein Loch eingegraben war, in welches der kupferne Nagel eingepasst wurde. Sodann wurde ein langes Eichenholz mit Steinen zur Abdeckung angebracht und somit das Geschäft beschlossen.]

Der Müller Duphorn begegnet uns noch einmal am 27. Juli 1773, als die Legung eines neuen Fachbaums bei den beiden Nadelmühlen beantragt wurde. Der neue Fachbaum sollte um 1 Zoll höher als der Sicherpfahl gelegt werden, da die Zugabe eines Zehrzolles üblich sei. Dagegen legte der Burgmüller David Duphorn Widerspruch ein. Gelegt wurde der Fachbaum ohne Zugabe des Zehrzolls.
Um 1800 gelangte die Burgmühle an neue Pächter, die Brüder David Wilhelm Friedrich und Christian Friedrich Ehrhardt.
Erst gegen Ende ihrer Pächterzeit auf der Burgmühle berichtete folgendes Aktenstück über die folgende Beschwerde:

1833. [A] Die Beschwerde mehrerer Grundstücksbesitzer bei der Lache am kleinen Wehr, gegen die Gebrüder Ehrhardt als Pächter der Burgmühle, dass dieselben bei hohem Wasserstand jedes Mal das kleine Wehr zögen, ohne vorher das große Wehr gezogen zu haben.[58]
Am 3. April 1833 erschienen vor dem Eisenacher Stadtrat der Kaufmann Christian Haberkorn, der Schmiedemeister Heinrich Lindig und der Metzgermeister Felix Rudloff und gaben beschwerend zu erkennen: Die Burgmüller Gebrüder Ehrhardt hätten jetzt wieder bei großem Wasserstand das kleine Wehr bei der Lache am Munitionswege gezogen, ohne vorher das große Wehr gezogen zu

58 StAE 10 C.XIX.W.8

haben. Das bringe den dortigen Landbesitzern großen Schaden, denn das Wasser ströme schnell über die Wiesen, die unterhalb des Wehrs gelegen seien; diese würden dadurch mit Sand und Schlamm bedeckt und sehr oft würden von dem wilden Wasser Löcher gerissen. Wenn die Gebrüder Ehrhardt so oft es die Notwendigkeit erfordere, das große Wehr zögen, für welche Bemühung sie sogar von den übrigen Mühlenbesitzern bezahlt würden, würde dieser Nachteil nicht entstehen. Wenn nicht bald kräftige Maßregeln getroffen würden, wäre zu befürchten, dass das Wasser sich bei hohem Wasserstand einen ganz neuen Weg nach der Fischweide zu brechen und der Mühlgraben einige Zeit lang ganz wasserlos bleiben würde und die Mühlen wochenlang stillstehen müssten. Die Gebrüder seien nur auf ihren Vorteil bedacht und freuten sich über den Schaden Anderer. Sie hätten nämlich ein großes Stück Landes an der Fischweide und um dieses vor dem Nachteil des Wassers zu bewahren, zögen sie das große Wehr nicht. Die Beschwerdeführer müssten für sich und im Namen aller beteiligten Landbesitzer dringend bitten, dass den Gebrüdern Ehrhardt ernstlichst verboten würde, bei jeder Gelegenheit das kleine Wehr zu ziehen, zumal dasselbe in früheren Zeiten nie und unter keiner Bedingung habe gezogen werden dürfen. Für den nächsten Tag wurde nun der Burgmüller David Ehrhardt vorgeladen und erwiderte auf die Beschwerde: Wenn das große Wehr jedesmal zuerst gezogen werden solle, müsse der Mühlgraben zweimal in jedem Jahr gereinigt werden. Das kleine Wehr sei ein Notwehr, das müsse zuerst gezogen werden.

Der Stadtrat verneinte dies mit dem Hinweis, dass ein Notwehr nur im äußersten Notfall gezogen werden darf.

Ehrhardt sagte, dass er und sein Bruder in dieser Sache nichts tun könnten.

Die Burgmühle im Jahre 1862. Abbildung aus Hugo Peter: Die Kammgarnspinnerei Eisenach GmbH in ihrer Entwicklung bis zum Jahr 1923. Eckert & Pflug, Kunstanstalt Leipzig 1924.

Wenn die Mühlenbesitzer unter dem Damme bis an die Herrenmühle verlangten, dass das große Wehr gezogen werden solle, so solle dies geschehen. Er und sein Bruder könnten das aber nicht tun.
Daraufhin wurde den Ehrhardt-Brüdern die Weisung erteilt, unverzüglich zuerst das große Wehr zu ziehen.
Gegen diese Weisung legte der Kaufmann und Fabrikherr Carl Eichel als Besitzer der Burgmühle am 14. April 1833 Protest ein und führte aus: Wenn den Beschwerdeführern wirklich Schaden durch das Wasser zugefügt worden sei, so sei dies durch Verengung des Flussbettes bei der Lache geschehen, was bei weitem die Normalbreite nicht mehr habe, wie eine Besichtigung ergeben werde.
Carl Eichel hatte die Burgmühle bereits am 19. Juli 1832 für die Firma Eichel & Cramer erworben. Die weitere Geschichte der Mühle ist nun mit der Entwicklung der später als Kammgarnspinnerei bekannten Firma verknüpft, denn nun trat auch Friedrich Eichel, Carls Bruder, in die Firma ein. Erst 1875, als die Spinnerei sich auf dem Standort in der Weststadt konzentriert hatte, wurde der südlich des Mühlgrabens gelegene Teil der Burgmühle nicht mehr benötigt, die Gebäude abgerissen und das Grundstück parzelliert (Goethestr. 11–23). 1877 wurde der auf dem rechten Mühlgrabenufer gelegene Teil der Mühle an die Brüder Eduard und Hermann Fröhlich verkauft, die hier eine Mahlmühle betrieben und sie 1898 Oskar Dobschall als Pächter überließen. Ein weiterer Verkauf brachte den nördlichen Teil der Burgmühle [Wörthstraße 12, heute Karl-Marx-Straße] an den Pfaffendorfer Kaufmann Julius Kalt. Dann gelangte er an die Aktiengesellschaft Gebr. Demmer, wurde 1945 bombardiert und dann abgerissen.

Schellerische Mühle vorm Nadeltor

1633. [A] Akten und Urkunden die Wollenweber und Schellerische Mühlen vorm Nollentor [Nadeltor] betreffend.

Hauptens-, Hauptische-, Heydenreichische- oder Harseimsche Mühle

1630. [A] Akten und Urkunden, Major Joh. Hauptens Mühle an der Fischer Stadt vor Eisenach gelegen betreffend.[59] modo [jetzt] Heydenreichsche Mühle.
1652. [A] Akten und Urkunden über diese Mühle wie diese an Nic. Heydenreichen gekommen.[60]
In der oben genannten Akte stellte Johann Haupt fest, dass die Mühle etwa 1630

---

[59] StAE 10 C.XIX.W.19

[60] StAE 10 C.XIX.W.19 f. 23

als Schleifmühle entstanden war. Sie wurde damals vom Messerschmiedehandwerk betrieben. In dieser Eigenschaft habe sie die Freiheit besessen, weder zur Grabenfege noch zum Wehrbau etwas beitragen zu müssen. Das Messerschmiedehandwerk habe die Mühle an den Landrentmeister Heinrich Heydenreich verkauft, der sie alsbald zu einer Mahlmühle umgebaut und fünf Jahre behalten habe. Dann habe Herzog Johann Ernst die Mühle konfisziert und weitere 4 Jahre durch den vorigen Besitzer, also ihn, betreiben lassen. So schrieb Johann Haupt in seinem Bericht an den Landes-Direktor Zacharias Prüschenk von Lindenhofen am 25. September 1652. Dieser nahm die Meldung Haupts mit Brief vom 30. September 1652 dankend zur Kenntnis.[61]

Neben einigen Stellungnahmen Eisenacher Bürger zum Mühlenkauf Johann Haupts schließt sich in der Akte der Extrakt aus dem Eisenachischen Amts-Handels-Brief vom 17. Mai 1668 an[62], der bestätigte, dass Haupt 100 Reichstaler von dem fürstl. Sächs. Leib- und Hofmedikus Balthasar Wiedemärckter erborgt hatte, was der Amtsverweser Georg Stephan Schelhase bestätigte. Die Tochter Haupts lieh sich von Wiedemärckter 50 Taler auf ihren Witwenanteil an der Mühle.

Die Akte beschließt ein Schuldanerkenntnis Haupts, nach dem er dem Doktor Balthasar Wiedemärckter 500 Gulden Marktwährung auf seine Mühle, die neue Mühle genannt und gelegen an der Fischerstadt, angrenzend an Hans Ilgen und Georg Gebhardt, schuldet. Auf die Mühle hatte er jährlich drei Gulden Erbzins zu entrichten. Dabei war er von Geschoss, Wasserbau und Grabenfege befreit. Das Dokument war am 29. Juni 1677 ausgestellt worden.

In diesem Jahr trat Nicolaus Heydenreich als Pächter der Mühle auf.

1681. [A] Den zwischen Nicol. Heydenreichen getroffenen Mühlenpacht-Kontrakt.

1681. [A] Die Verpachtung der Heydenreichschen Mühle an Jost Ilgen.

Doch bereits von 1681–1683 wurde die Mühle als „Neue Mühle“ an der Fischerstadt von Jost Ilgen gepachtet. Zur gleichen Zeit tritt uns auch ein Sebastian Ilgen entgegen, der uns lediglich als einer der Erben des Hans Ilgen, gewesenen Miteigentümers der Grünen oder Hospitalmühle, bekannt war. Dieser Sebastian Ilgen stritt damals gegen Jost Ilgen wegen der Pacht vor Gericht. Das Pachtobjekt bleibt uns verborgen, genau wie das Nachbarschaftsverhältnis zu Hans Rudloff, gegen den Ilgen 1697 wegen des Wasserlaufs vor den Kadi zog. Da auch diese Akte verloren ist, können wir den gesuchten Wasserlauf leider nicht ermitteln.

1730. [A] Die Verpachtung der Heydenreichschen Mühle an Sebastian Vogt.

Bleibt uns nur noch zu vermelden, dass die Heydenreichsche Mühle 1730 an Sebastian Vogt verpachtet wurde. 1748 reichte Heydenreich ein Gesuch um

---

61 StAE 10 C.XIX.W.19 f. 10

62 StAE 10 C.XIX.W.19 f. 22 f.

Befreiung vom Abzugsgeld[63] für die Wegführung seiner Mühlenverkaufsgelder aus Eisenach ein, er verließ also die Stadt. 1751 fand sich mit Wendl Harseim ein neuer Besitzer für das Objekt. Sie nannte sich schon ehemalige Heydenreichsche Mühle, als sie 1782 mit Philipp Harseim, wahrscheinlich der Sohn des Wendl, wieder den Eigentümer wechselte, vielleicht war der Erbfall eingetreten. Philipp Harseim veräußerte die Mühle jedoch in eben diesem Jahr als Harseimsche Mühle an Sebastian und Christoph Andreas Reichardt.
Die Reichardts müssen die Mühle im Zeitraum bis 1800 verpachtet haben, denn dann tauchte eine aktenkundige Übereinkunft auf, welche die nun die Mühle nutzende Pachtmüllerin Magdalene Heß arg in ihren Produktionsmöglichkeiten beschnitt.

1800. [A] Die zwischen Wilhelm Matthes und Joh. Georg Faber getroffene Übereinkunft zur Einschränkung der Mahlgänge der Pachtmüllerin der Harseimschen Mühle Magdalene Heß bei Wassermangel.
Es handelte sich eigentlich um keine Übereinkunft, denn sie wurde amtlich verordnet.[64]
In der Zeit bis 1809 muss die Mühle an die Müller-Familie Arnold verkauft worden sein. Von 1810 bis 1842, als ein neuer Fachbaum an der Mühle gelegt wurde, saßen Johann Georg und Friderike Kaiser auf derselben.

Gemälde Harseimsche Mühle um 1900. Sammlung Lutz Harseim[1]

63 Abgabe (Zehnter Pfennig) eines Hörigen, Erbuntertanen und dergleichen an den Grundherren, der ihm im Gegenzug dann den Umzug in den Herrschaftsbereich eines anderen Herrn erlaubte (Gewährung des Zugrechts). Daraufhin erhielt er einen Abzugsschein.

64 StAE 10 C.XIX.W.25

Links die Klemmmühle und rechts die Harseimsche Mühle ohne Jahr.
Foto: Steffen Klemm, Sammlung Lutz Harseim

Klemmmühle und rechts die Harseimsche Mühle ohne Jahr.
Foto: Steffen Klemm, Sammlung Lutz Harseim

Links die ehemalige Klemmmühle und rechts die Harseimsche Mühle 2023.

Die ehemalige Harseimsche Mühle 2023.

Die ehemalige Klemmmühle 2023. Fotos: Bernd Siedentopf

Graue Mühle

Die Graue Mühle gehörte gemeinsam mit der Harseims-, Arnolds-, jetzt Kaisers- und der ihr gegenüber gelegenen Grünen oder Hospitalmühle zu dem Sperrriegel von Triebwerken an der Fischerstadt hinter dem Hospital St. Annen. Wie bereits bemerkt, konnte hier kein Tropfen Wasser den Mühlgraben durchfließen, ohne eines der sechs Mühlräder passiert zu haben.
Der erste, uns bekannte Besitzer der Grauen Mühle war Barthel Bachmann im Jahr 1782 gemeinsam mit dem Hofagenten Bohl. Die Setzung eines Sicherpfahls aus dem gleichen Jahr nannte uns allerdings Sebastian Deubner und den Hofagenten Bohl als deren Eigentümer, während Bohl auch die benachbarte Grüne oder Hospitalmühle besaß. Es liegt nahe, den im Jahr 1827 auf der Mühle sitzenden Valentin Angermeyer als deren Pächter anzusehen, bevor die Graue Mühle 1834 in die Hände von Georg Reinemann kam. Dieser verkaufte die Mahlmühle an der Fischerstadt 5 1842 an die Gebrüder Kaiser, die sie 1859–1866 Simon Herbst als Pächter überließen und danach bis 1898 wieder selbst betrieben.

1842. [A] Die Legung eines neuen Fachbaums bei der so genannten Harseims-, Arnolds-, jetzt Kaisers- und der ihr gegenüber gelegenen grünen und grauen Mühle.[65]
Der neue Fachbaum wurde ohne Probleme gelegt, auch der Sicherpfahl überprüft. Einziges Manko war die fehlende Besitzurkunde der Müllerin und ihres Ehemannes. Damit schließt die schlanke Akte. Die Müller-Witwe trat noch einmal 1851 bei der folgenden Reklamation in Erscheinung:

1851. [A] Anzeige gegen die Müller-Witwe [Friderike] Kaiser auf Herausgabe von Korn.
Auf dem Eisenacher Markt hatten die Ehefrau des Nikolaus Scheider und die Ehefrau des Schuhmachermeisters Heinrich Sältzer von der Müllerin Kaiser Getreide gekauft, um es zu Mehl zu verarbeiten. Dieses Mehl ließ sich nach Aussage des Bäckers Georg Fischer vor dem Georgentor wegen der Beimischung von Gerste nicht zu genießbarem Brot verarbeiten. Daher klagten die beiden Damen gegen Rückgabe der Brote auf die Rückerstattung des Korns. Die Klage wurde an das Stadtgericht verwiesen.[66]

---

[65]StaAE 10 C.XIX.W.33

[66] StAE 10 C.XIX.W.18 f. 22

Hospitalmühle/Grüne Mühle

1522. [A] Akten und Urkunden die grüne oder Hospitalmühle an der Fischerstadt diesseits des Wassers betreffend.[67]

„Wir Margaretha von Farnrode Eptissin [Äbtissin], Katharina Fecghelm Priorin und wir andern Jungfrauen der ganzen Samnung Sanct Katherinen Closter zu Eißenach gelegen Bekennen für uns, unsere Nachkommen . . .“ So beginnt die Abschrift des Kaufbriefes aus dem Jahr 1522 über die Mahl- und Ölmühle zu Eisenach an der Fischerstadt. Zu ihrem Verkauf war die Bewilligung des Amtes Wartburg erforderlich, die der Amtmann Hans von Berlepsch auch erteilte. Käufer waren Heintz Luer (Lunen) und seine „eheliche Wirtin Katharina“ am Sonntag Invocavit, was der erste Passionssonntag, oder der sechste Sonntag vor Ostern gewesen sein dürfte. Auf der Abschrift sind sogar die Siegel gezeichnet verewigt worden, gemeinsam mit dem Hinweis, dass sich das Original auf Pergament geschrieben im Archiv der Fürstlichen Regierung befindet.

Links im Bild ist wahrscheinlich das Klostersiegel des Eisenacher Katharinenklosters zu sehen. In durch das Gitter angedeuteter klösterlicher Sicherheit steht die Äbtissin mit ihrem Stab als Zeichen ihrer Würde. Bildmitte: Richtrad und Schwert sind die Attribute der hl. Katharina. Rechts: das Siegel der Familie Berlepsch, es müsste eigentlich 5 Sittiche zeigen. Oben auf dem Helm zwei Spickel, von denen jeder eine silberne, oben mit sieben schwarzen Hahnenfedern besteckte Kugel trägt.

Wie lange die Familie Luer die Hospitalmühle besaß ist ungeklärt. Im Jahr 1635 befand sie sich jedenfalls für wenige Jahre im Besitz Conrad Gesells. Dann bekam sie etwa 1638 mit Joseph Hermann Michael Durenheim und Hans Ilgen sowie dessen Konsorten neue Eigentümer.

Die Akte lässt uns einen Blick in die Wirtschaftsgeschichte Eisenachs in seiner Zeit als selbständiges Fürstentum werfen, dessen Bewohner überwiegend in sehr bescheidenen Verhältnissen lebten.

---

[67] StAE 10. C.XIX.W.36

Fischerstadt ohne Jahr.
Sammlung: Karlheinz Büttner.

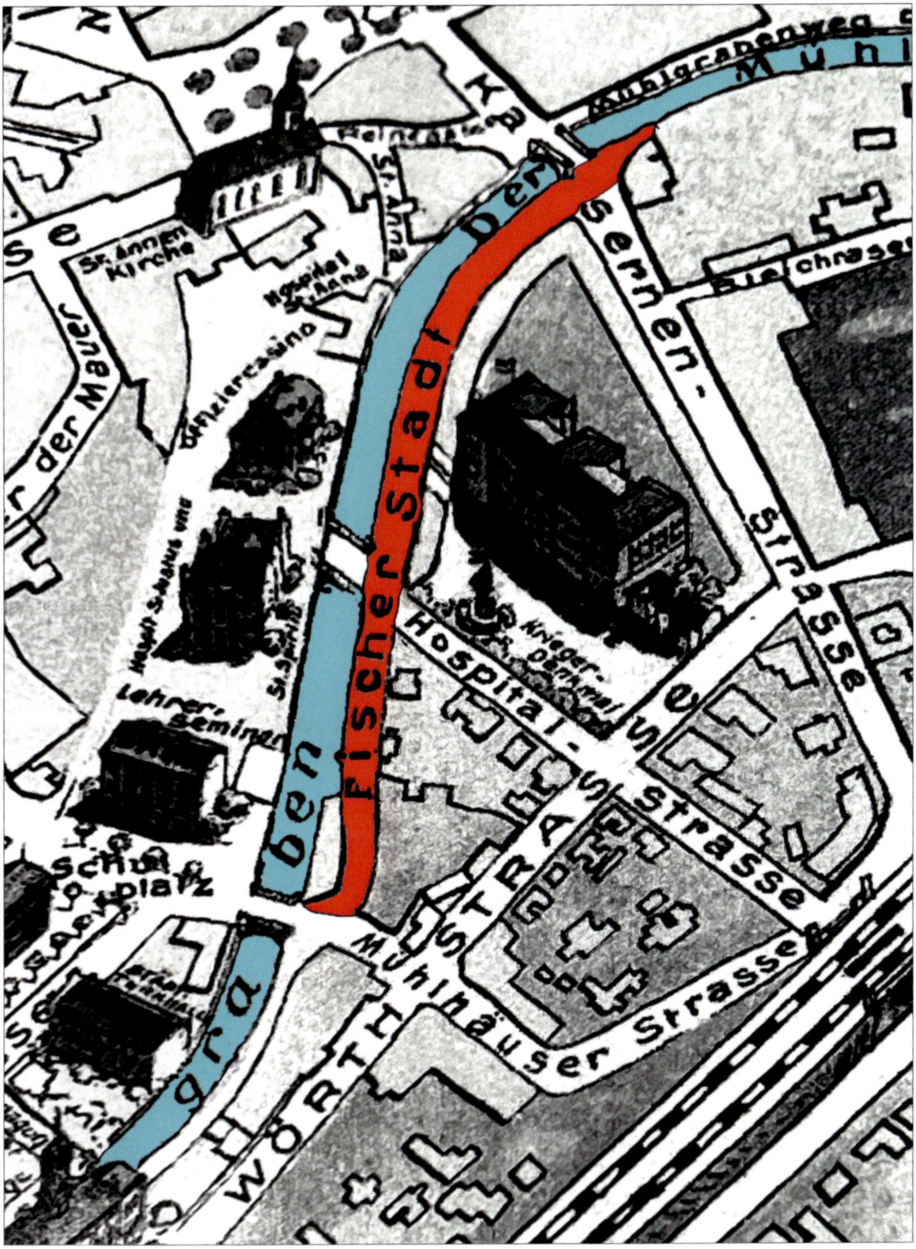

Fischerstadt. Auszug Karte Monumentalplan Eisenach um 1900.
Entwurf und Zeichnung: Verlagsanstalt C. Jagemann.
*Inhaber Carl (auch Karl) Jagemann (*1866–†1930)*

1641–1657. [A] Die auf Michael Durenheims Hospital-Mühlen lastenden Erbzinsen . . . betr.[68]

Da Geld immer knapp war, traf den Müller Joseph Hermann Michael Durenheim eine erste Mahnung über fällige Erbzinsen nicht nur ihn, den Mitbesitzer der Hospitalmühle, sondern auch einen Bürger namens Hans Ilgen und dessen „Consorten“, welche die 2. Hälfte der Mühle besaßen, die ihnen im Mai 1641 durch den Gerichtsknecht überbracht, ins Haus flatterte. Ein Jahr zuvor soll Durenheim dem Fronboten bereits einige unfreundliche Worte mit auf den Weg gegeben haben; jedoch unterblieb die Zahlung der fürstlichen Forderung. Es folgten weitere Protokolle und Berichte, eine Zahlung jedoch nicht. Inzwischen war die Schuld Durenheims und seines Miteigentümers wegen des Todesfalls Herzog Albrechts auf die Liste der offenen Forderungen Herzog Adolph Wilhelms gewandert. Doch nicht nur Ilgen hatte „Konsorten“ Rechenschaft abzulegen, die auf die Vornamen Jost und Volkmar hörten und zu der Sippe der Ilgen zählten, auch Durenheim hatte sich zwei Mitstreiter ins Boot geholt, die gleichzeitig auch Schwiegersöhne des Müllers waren, nämlich Jeremias Schiller und Hans Hause. Diese erklärten den Behörden das Ausbleiben der Zinszahlung mit der Baufälligkeit der Mühle und der nötigen Versorgung der unmündigen Kinder. So geschehen im Jahr 1658.

Inzwischen quittierte das Eisenacher Amt die Zinseinnahme für die Jahre 1654–1657, die der Metzger und Schwiegersohn Jeremias Schiller entrichtete. 1660 baten die Schwiegersöhne wiederum um Aufschub der Zinszahlung. Nun hatte sich zwischen Schiller und Hause als Absender der Botschaft noch ein Hieronymus Eckhardt geschoben, wie sich herausstellte, ebenfalls ein Schwiegersohn Durenheims. Dann folgen in der Akte umfängliche Berechnungen der Schuld durch das fürstliche Amt.

Dem Landes-Direktor und Oberaufseher des Herzogs Wilhelm war das ewige Lamentieren zu viel geworden. Er forderte die drei Schwiegersöhne Durenheims auf, gemeinschaftlich gegen die Misere vorzugehen oder aber auf das Kaufangebot des Müllers Ilgen einzugehen, um den Verfall der Mühle aufzuhalten. So geschehen am 14. November 1660.[69]

Im Jahr 1662 beglich wiederum lt. vorliegender Quittung der Metzger Schiller die Schuld beim Eisenacher Amt. 1664 suchte Schiller dort um Steuerzahlung durch Naturallieferungen nach und erhielt die Genehmigung dazu, nachdem er sich bereit erklärt hatte, jährlich zu Michaelis 15 Malter Korn Eisenacher Gemäßes zu liefern. 1664 konnte der Fall ad acta gelegt werden. Er hatte Eisenachs fürstliche Verwaltung über 23 Jahre lang beschäftigt.

Inzwischen hatte, wie der Extrakt aus dem Eisenachischen Amts-Lehnbuch des Jahres 1661 berichtete, der Bürger und Mahlmüller Hieronymus Eckard von

---

68 StAE 10. C.XIX.W.20

69 StAE 10. C.XIX.W.36, f. 16 f.

Hans Hause, seinem Schwager, den vierten Teil an der Hospitalmühle erkauft.[70] 1656 tauchte ein Schreiben mit der Überschrift „unterthaenigster Bericht was es mit der Spitalsmühler Schweinmast zu Eisenach für eine Beschaffenheit" auf. Darin heißt es, dass der Müller vermöge Fürstlichen Kaufbriefes versprochen habe, gleich vorigen Pachtmüllern, jährlich für die Fürstliche Hofstatt zehn Schweine, die ihm zugestellt werden müssen, solcher Gestalt zu mästen und feist zu machen. Dann werden die Einzelheiten mitgeteilt, die ich dem Leser jedoch ersparen möchte. Der vorliegende Vertrag galt für das Jahr jeweils vom 15. Juli 1656 bis 1657. Erwähnt werden sollte noch, dass binnen dieser Zeit die Mühle in Bau und Besserung gebracht werden solle.[71]

Am 21. Januar 1671 verkaufte Hieronymus Eckard, Bürger und Mahlmüller, seine halbe Mühle, die Spitalsmühle genannt, an Georg Gebhardt und dessen eheliche Hausfrau, samt allen Freiheiten, Gerechtigkeiten und Zugehörungen, inmaßen solche Mühle sein Groß-Schwiegervater Hans Durenheim anno 1612 von der damaligen fürstlichen Herrschaft erkauft hatte. Zeugen dieses Ereignisses waren der Hospital-Kollektor Joseph Hermann und der Fischer Georg Wolff.[72]

Durch den Verkauf seiner Hälfte der Hospitalmühle durch Jeremias Schiller an Hans Ilgen am 27. Februar 1664 wird die Sache nun aber ganz konfus, denn Ilgen besaß ja bereits eine Hälfte seit dem 10. Dezember 1663.[73] Entweder war das Erbteil Eckards und Schillers jeweils ein Viertel der Hospitalmühle, zusammen also eine Hälfte gewesen, oder aber diese hätte drei Hälften besessen.[74]

Als der Verkauf der Hälfte der Hospitalmühle ruchbar geworden war, wandte sich der Bürger Heinrich Wilhelm Schneider am 23. Dezember 1663 an das fürstliche Amt, um die Schulden Jeremias Schillers, deren Bezahlung er nicht erlangen konnte, aus der Mühlenkaufsumme begleichen zu lassen. Daraufhin wies das fürstliche Amt den Müller Hans Ilgen an, nicht das Geringste von den Mühlenkaufgeldern ohne Wissen des fürstlichen Amtes auszuzahlen, bis Schiller sich mit Schneider bei dem fürstlichen Amt der vorgelegten Schuldforderung halber abgefunden habe.

Im Februar 1664 bestritt Schiller vor dem Amt jegliche Schuld. Am 16. April 1664 wurde er vom fürstlichen Amt aufgefordert, die Forderung Schneiders zu befriedigen, die nicht einmal diesen selbst betraf, sondern Johann Conrad Himmels seelige Witwe. Am 14. Mai des Jahres schritt noch einmal das Amt ein, indem es noch einmal Hans Ilgen verbot, Schiller Geld auszuzahlen, bis der die

---

70 StAE 10. C.XIX.W.36, f. 18

71 StAE 10. C.XIX.W.36, f. 16 ff

72 StAE 10. C.XIX.W.36, f. 45 ff

73 StAE 10. C.XIX.W.36, f. 23 ff.

74 StAE 10. C.XIX.W.36, f. 35 f.

Forderung der Witwe Himmel und den Pflichtteil aus dem Erbe seinem Sohn ausgezahlt habe, der dem väterlichen Erbteil ebenfalls nachjagte.[75]
Ein Schreiben, das ausgerechnet am 4. März 1664 auftauchte, aber bereits am 18. September 1657 aufgesetzt worden war und in dem der Hospitalmüller Michael Durenheim mit Konsens seiner Ehefrau Clara die Mühle seinen Schwiegersöhnen Jeremias Schiller, Georg Hause und Hieronymus Eckard verschrieb, lässt uns den Eifer der Schwiegersöhne um den Erhalt der Mühle, insbesondere den des Metzgers Schiller, nun besser verstehen. Sie hatten sich ihr Engagement bereits 7 Jahre zuvor schriftlich fixieren lassen und nun aus der Schublade gezaubert, denn am nächsten Tag wurde der Metzger Jeremias Schiller bei fürstlichen Amt vorstellig, um sich die Steuerbefreiung seiner ehemaligen Hälfte der Hospitalmühle attestieren zu lassen, was ihm auch zuteil wurde.[76]
Die Sache war damit noch nicht beendet, denn am 14. Mai 1664 beklagte sich Jeremias Schiller jun. beim Amtsverweser darüber, dass sein Vater ihm seinen Pflichtteil am Erbe vorenthalten und anderweitig ausgegeben hatte.

Unter dem 23. August 1665 war im Protokoll des Amtes zu lesen, dass die Löber (Gerber) und Weißgerber den Mühlgraben zum Auslassen ihrer Beitze benutzten. Bei Strafe wurde dieses nun untersagt, denn es hatte den durchlauchtigsten Forellen nicht gut getan. Die Beitze sollte nun vor die Stadt hinausgebracht werden. Was sie da vergiftete, war wahrscheinlich gleichgültig.[77]

1679. [A] Jost Ilgen gegen Sebastian Ilgen wegen Mühlenpachtzins.
Am 28. Januar 1680 gab das Fürstliche Amt bekannt, dass die Erben des seel. Hans Ilgen, gewesenen Mahlmüllers in der Hospitalmühle, den Verkauf der Mühle in der Weise betreiben wollten, dass außer den Erben niemand das Kaufrecht erhalten solle. Auch das Vertauschen mit anderen Immobilien war ausgeschlossen. Zudem sollte es verboten sein, die Mühle vor dem 2. Jahr nach Erbschaftsantritt zu verkaufen[78]. Und Erben gab es reichlich: Jost Ilgen, Hansgeorg Ilgen, Michel Wattenbach, Christian Ilgen und Sebastian Ilgen.

1722. [A] Die Besichtigung des Wassergrabens zwischen der Hospital- und Weißen Mühle und eingegangenen Fahr- und Fuß-Weges, so auf der Mühl-Gasse an den Storchischen Garten hin gehet.[79]
Anlass zu der Besichtigung gab eine Eingabe vom 23. Juli 1722 an den Rat der Stadt, die am Anfang der Akte den damaligen Zustand des Weges entlang des Mühlgrabens beschreibt, leider aber unvollständig ist. Den in der Akte folgenden Bericht verfassten die Mühl- und Wassermeister Hans Valentin Borchardt

[75] StAE 10. C.XIX.W.36, f. 27 ff.

[76] StAE 10. C.XIX.W.36, f. 39

[77] StaAE 10. C.XIX.W.36 f. 30 f.

[78] StaAE 10. C.XIX.W.36 f. 48

[79] StaAE 10 C.XIX.W.21

von Wasungen und Hieronymus Walter, Mahlmüller in der kleinen Nadelmühle in Gegenwart Valentin Arnolds, Tuch- und Raschmacher, Mitbesitzer der Öl- und Walkmühle neben der Weißen Mühle, . . . Besitzer der Wiesen-Mühle, Hans Max Jacobi, Mitbesitzer der gegenüberliegenden Öl- und Walkmühle und dessen rechtlicher Beistand . . . Die Akte legte der Actuar Johann Peter Seylingstadt an und Johann Ernst Gebhardt bezeugte den Vorgang am 28. des Monats. Im folgenden ist die Akte durch eine sehr enge Heftung und die schwer lesbare Schrift nur bedingt brauchbar, gibt aber durch die Reihenfolge der begangenen Orte eine dem Verlauf des Mühlgrabens folgende Reihung der Mühlen wieder, die vorhandene Stadtpläne ergänzen könnten. Sonst gibt das Schriftstück lediglich die Messdaten der Fachbäume der erwähnten Mühlen preis, die jedoch für unseren Zweck keine Relevanz besitzen. So aber erfahren wir, dass der Mühlgraben von der Mühlgasse neben des Amtsschreibers Storch Gartenzaun zu der Weißen Mühle verlief, die auch Arnoldsche Mühle genannt wurde und von dort die Hospital- und Heydenreichsche Mühle erreichte. Der Weißen Mühle gegenüber soll sich noch eine Mahlmühle befunden haben. Ob es sich um die Zieglerische Öl- und Walkmühle handelte, ist noch zu ergründen. Es ist jedoch wahrscheinlich, da die drei Mühlen einen gemeinsamen Fachbaum nutzten. Aus dem Schriftstück geht noch hervor, dass Arnold und Ziegler auf der gleichen Grabenseite ansässig waren.
Die Ilgens waren geraume Zeit Besitzer der Hospitalmühle. Erst 1716 erhalten wir Nachricht über eine Abtretung Josts an Volkmar Ilgen.
Als 1720 eine Reparatur der Heydenreichschen Mühle anstand, die wahrscheinlich die Trockenlegung des Mühlgrabens erforderte, klagten die Besitzer der Hospitalmühle gegen die geplante Maßnahme.

1751. [A] Acta, den gelegten Fachbaum und gesetzten Sicherpfahl bei der Hospital-, so genannten grünen und Harseims-Mühle betreffend.[80]

Von Zeit zu Zeit war es erforderlich, den den Mühlen vorgelagerten Fachbaum zu erneuern, da er sich durch Eis oder Verunreinigungen des Mühlgrabens, nicht zuletzt aber auch durch die Fäulnis des Holzes abgenutzt hatte. Dadurch veränderten sich die Wasserstände zwischen den Mühlen und verursachten Probleme, die sich bei einem Mühlgraben mit solch geringem Gefälle negativ auswirkten. Die Aktion verlief ohne Schwierigkeiten, obwohl sie neben den oben genannten Mühlen auch die „Graue Mühle“ betraf. Eine 1782 durchgeführte Besichtigung ergab, dass der beiden Mühlen zugeordnete Sicherpfahl bewegt worden war. Das Amt beurteilte die Veränderung solcher Messpunkte als unschicklich und bestimmte, dass sich dies nicht wiederholen dürfe.
Bei dieser Gelegenheit bliebe noch zu erwähnen, dass im oben erwähnten Jahr 1782 mit Sebastian Deubner und dem Hofagenten Bohl wiederum neue Eigentümer der Mühle zu vermelden waren.

1798. [A] Der Streit der Besitzer der Hospitalmühle, Anna Barbara Fack und

[80] StAE 10 C.XIX.W.34

Georg Adam Petri um die gemeinsame Zufahrt und die zwischen beiden Grundstücken liegende Bleiche.

Inzwischen war die Hospitalmühle, wie die Akte aus dem Jahr 1798 berichtete, seit 1795 in die Hände zweier neuer Besitzer gelangt, Anna Barbara Fack und Georg Adam Petri. Damals baten beide um Erlass oder Ermäßigung ihrer rückständigen Erbzinsen sowie Frau Fack um Erteilung des Eisenacher Bürgerrechts. Der Streit des Jahres 1798 endete letztlich mit einem Vergleich. Leidtragender war jedoch der Pächter Göpfert, der nicht auf das Gelände fahren konnte, weil ein Torpfosten dies verhinderte. Ein Jahr später waren aus den stolzen Mühlenbesitzern „ehemalige" geworden. Frau Fack bat noch immer um Erlass ihrer steuerlichen Rückstände und um Erteilung des Eisenacher Bürgerrechts, Petri um Rückerstattung eines Teiles seiner für seine Rückstände eingezogenen Mühlenverkaufsgelder.

Weitere Eigentümerwechsel sind aus den Jahren 1829, 1834 und 1836 überliefert, als zunächst Johannes Reinemann, dann Georg Christian Kaiser und Johann Christian Kaiser die Mühle übernahmen, vielleicht Vater und Sohn im Erbschaftsfall, da bereits 1836 Georg Reinemann als Käufer auftrat. Reinemann führte ein unauffälliges Berufsleben, nur einmal im Jahr 1847 hatte er sich folgender Anzeige zu erwehren.

1847. [A] Anzeige des Stadtwaagenmeisters Stetefeld gegen den Müller Georg Reinemann wegen Verstoßes gegen die Mehlwaagenordnung.[81]

Die Grüne oder auch Hospitalmühle hinter dem Hospital St. Annen.
Federzeichnung von Felix Schuchard.

Nach einigen Anhörungen und einem regen Schriftwechsel zwischen dem Eisenacher Stadtrat und der Großherzoglichen S. Landesregierung wurde Reinemann am 11. Januar 1848 freigesprochen.

Reinemann scheint die Hospitalmühle bis 1859 besessen zu haben; dann gelangte sie in die Hände von Andreas Bachmann, von dem wir wieder 1866 hören, als er folgende Beschwerde gegen seinen unmittelbaren Nachbarn Herbst verfasste, der Veränderungen an seinem Triebwerk vornahm.

[81] StAE 10 C.XIX.W.18

Mühlgraben an der Grünen oder auch Hospitalmühle hinter dem Hospital St. Annen. Foto: Hugo Richardt 1950.[1]

1860–1861 [A] Das Gesuch des Mühlenbesitzers Bachmann um Erlaubnis zur Abänderung seines Triebwerkes [Grüne oder Hospitalmühle].[82]

Sein Gesuch legte der Mühlenbesitzer A. Bachmann dem Bezirksdirektor am 7. April 1860 vor. Er beabsichtigte, seine beiden Triebwerke durch eines zu ersetzen, wobei er lediglich die beiden Gerinne nach amerikanischem Vorbild übereinander zu legen gedachte. Das Gesuch wurde zunächst im Eisenacher Kreisblatt veröffentlicht, damit die Bürgerschaft und damit auch die Mühlenbesitzer der Umgebung davon Kenntnis erhalten konnten. Den ersten Widerspruch legte der Mühlenbesitzer Christian Kaiser ein. Ein öffentlicher Aushang war noch vonnöten, um der Ankündigungspflicht Genüge zu tun. In der Akte befindet sich eine Rückmeldung aus Stockhausen, in welcher der Gemeindevorstand bestätigt, dass die Bekanntmachung im Gemeindewirtshaus vom 3. Mai bis zum 4. Juni des Jahres ausgehangen hat. Ein nächster Einspruch kam vom Mühlenbesitzer Heinrich Adolf Maurer, der den hiesigen Rechtsanwalt Katzenstein mit der Wahrung seiner Rechte betraut hatte. Dem Einspruch Maurers schloss sich nun auch Ferdinand Reinemann an und im weiteren Verlauf der Verhandlungen, die natürlich noch zwischendurch stattfanden, um eine Klärung des Falles herbeizuführen, auch die Mühlenbesitzer Wilhelm Voigt [Neue Mühle] und Friedrich Walther [Pulvermühle]. So war das Problem flussaufwärts aus dem Mühlgraben bis an die Nesse hinauf gewandert und führte zudem zu Vorladungen der Einspruch erhebenden Personen, die das Amt abzuarbeiten hatte. So hatte man über Schadenersatzforderungen des Christian Kaiser zu entscheiden,

[82] StAE 10 C.XIX.W.35

von denen niemand wusste, wie sie zu realisieren seien und denen die Ehefrau Bechmanns auch resolut entgegentrat. Auch die Hinzuziehung des Bauinspektors Möder, des Hofzimmermanns Seitz und des Mühlenbauers Krug als Sachverständige brachten keinen Durchbruch in der Sache.
Als endlich Christian Kaiser seinen Einspruch zurückzog, konnte nach 60 Seiten Protokoll am 25. Juli 1861 die Genehmigung zum Umbau erteilt werden.

1866. [A] Beschwerde des Besitzers Bachmann (Grüne Hospitalmühle) gegen den Nachbarn Herbst, Besitzer der grauen Mühle wegen Triebwerksänderung.
Unmittelbar betroffen war auch die Kaisersche Mühle, die am gegenüberliegenden Mühlgrabenufer lag. Beide hatten unter dem Gerinne Durchlässe festgestellt, die einen für sie nachteiligen Wasserstau bewirken würden. Durch den Rückbau wurde die Beschwerde erledigt.
Am Ort hinter dem Hospital St. Annen, wo sich die drei Mühlen befanden, konnte kein Tropfen Wasser den Mühlgraben durchfließen, ohne durch eines der vier Mühlräder zu gelangen. Zwischen den Mühlengebäuden der Hospitalmühle (Bachmann) und der Kaiserschen Mühle, die den Mühlgraben links und rechts begrenzten, befand sich bereits das Gerinne der Herbstschen Mühle (Graue Mühle) und die Mühlstege der drei Mühlen, sowie eine Brücke, die einen damals neuen Zugang zur Fischerstadt bildete[83].

Auf heftigen Widerstand stieß, noch bevor er das Stadium eines Gesuches an den Stadtrat erreicht hatte, die Absicht des Ölmüllers David Kayser, in seiner Ölmühle einen zusätzlichen Mahlgang einzurichten. Dagegen hatten sich 9 seiner Berufskollegen ausgesprochen und dies in einem Schreiben zu begründen versucht, unter anderem mit der Sicherung ihrer Nahrung, was soviel bedeutete, dass sie die Existenzangst umtrieb. Das Schreiben war am 4. August 1833 eingesandt worden; die Antwort kam am 20. des Monats von der Großherzoglichen Landesdirektion und lautete: „Der Herrenmüller Kaiser und Genossen sind auf ihre, nicht begründet erscheinende Protestation gegen die vom Ölmüller Kayser beabsichtigte Anlegung eines Mahlganges abschlägig zu bescheiden.“ Den Eisenacher Stadtrat wies man an, dem Ölmüller zu bedeuten, dass er den bereits angelegten Mahlgang nicht benutzen dürfe, bevor er die Berechtigung erlangt habe.
Noch war Kayser am Bauen, als am 23. Oktober die Müller Heinrich Kaiser, Bernhard Arnold und Georg Reinemann im Büro des Bürgermeisters erschienen um zu melden, dass der Ölmüller den Bau des Mahlganges fortgesetzt habe und es zu erwarten sei, dass er in den nächsten Tagen damit fertig werden wird und dann diesen auch gebrauchen werde. Deshalb baten sie um Inhibition [Unterbindung]. Bürgermeister Roese schickte die drei nach Hause, wies sie aber an, Anzeige zu erstatten, wenn der Mahlgang genutzt werden sollte.
Die Front der Protestierer stand. Ein weiteres Protestschreiben landete am 28. Oktober auf dem Schreibtisch des Bürgermeisters.

---

[83] StAE 10 C.XIX.W.27

Am 26. Januar 1834 war es endlich soweit: Vor dem Stadtrat erschienen die Mühlenbesitzer Heinrich Kaiser und Bernhard Arnold und meldeten: „Der Müller David Kayser hat angefangen, für Lohn zu mahlen, namentlich hat er für einen weiteren Kayser, einen Tagelöhner, vier Metzen Korn gemahlen. Da er noch keine Erlaubnis zum Mahlen hat, so bitten wir um ein Verbot wegen Fortsetzung dieses Geschäftes."
Der nun vorgeladene David Kayser gab zu Protokoll: „Ich habe allerdings um Lohn gemahlen. Ich kann nicht warten bis ich Resolution erhalte, da meine Sache schon im Oktober nach Weimar eingereicht ist."
Bürgermeister Roese verbot Kayser alles weitere Mahlen. Zunächst aber hatte er die Kosten der Untersuchung zu bezahlen. Die nächste Anzeige gegen Kayser wurde durch 4 Müller am 3. Februar 1834 erstattet, da dieser ungerührt weiter mahlte; zudem hatte er gleich nach der vorhergegangenen Verhandlung verlauten lassen: „Ich mahle doch fort, es hat mir niemand etwas zu befehlen und zu verbieten, auch der Stadtrat nicht."

Bei „St. Annen" hieß die Sackgasse, die von der „Reinen Gasse" nach rechts zum Mühlgraben hin abzweigte, wenn man vom Spital St. Annen in Richtung Mühlgrabenbrücke an der August-Bebel-Straße, der früheren Kasernenstraße, unterwegs war. Hinter dem Gebäude mit der erhabenen Art-Deco-Beschriftung, fließt der Mühlgraben. Das Foto stammt etwa aus dem Jahr 1926.[1] Sammlung: Karlheinz Büttner.

Die protestierenden Müller hatten vor dem Stadtrat angegeben, dass sie es nicht mit ansehen könnten, da sich Kayser ein Recht anmaße, ohne die damit verbundene Last, gemeint sind die Steuern und Abgaben, die alle anderen entrichteten, zu tragen.
Damals, man schrieb indessen das Jahr 1836, hatte der Stadtrat eine Liste der Mühlen zusammengestellt, die 12 Mühlen mit 25 Mahlgängen umfasste.
Kayser hatte unterdessen versucht, mit juristischen Tricks seine Konzession zu erwirken, indem er den Müller der Neuen Mühle Justinus Vogt in den Fall verstrickte, der einen Mahlgang stilllegen und die Konzession dafür auf Kayser übertragen wollte und deshalb eine Klage bei Gericht anstrengte. Das Gericht ließ jedoch die Klage nicht zu, da die Produktionsstätten der beiden Müller an unterschiedlichen Mühlgräben lagen. Der Beschluss, dass der Rechtsstreit Wilhelm Vogt gegen David Kayser nun beendet sei, traf am 4. September 1841 bei den Konrahenten ein; in Wahrheit war das Ganze nur juristisches Geschachere.

So schmal war die Gasse „Bei St. Annen" um 1936. Rechts im Bild ist ein Gebäude des Hospitals „Zu St. Annen" zu erkennen; die „Grüne Mühle" schließt die Gasse am Ende ab. Links im Vordergrund ist die Ecke des Fleischerladens von Max Malsch in der Katharinenstraße sichtbar. Fotograf nicht bekannt.[1]

Noch einmal wechselte die Grüne oder Hospitalmühle die Besitzerfamilie, die sie bis zum Ende ihres Bestehens über vier Generationen begleitete. Es war die Familie Maurer, deren Vater Adolf 1887 ans Ruder oder besser ans Wasserrad trat und es bis 1910 nicht mehr losließ, dann folgte Karl, der bis 1938 wirkte, schließlich J. A. Maurer und dann Adolf Maurer, der die Mühle bis 1950 betrieb.

Müller der Hospitalmühle/Grüne Mühle

1716. [A] Jost Ilgen gegen Volkmar Ilgen wegen Abtretung der Hospitalmühle.
1720. [A] Sämtliche Besitzer der Hospitalmühle gegen Fr. Heydenreich wegen Mühlenreparatur.
1800. [A] Wilh. Vogts Beschwerde über den Hospital-Müller wegen unterlassenen Fischens.
Hospitalmühle 1787 (Amts-Jurisdiktion), 1799 (Kaufrecht), 1800 dessen Müller (Fischereirecht) als Grüne Mühle genannt: Maurer, Adolf, Mahlmühle, 1887 1911, 1929 1950 Maurer, Karl, Am Hospital St. Anna 6
Kaiser, Joseph 1787 (Pachtzins)
Duphorn, (?) 1787 Pächter Nadelmühle (?), 1792 (Wasserrecht), 1795 (Wasserrecht), 1799 Wasserrecht)

Die Hospitalmühle im Jahr 1963. Foto: Hans Weitze.[1]

Herrschaftliche Mahl- und Schneidemühle 1787 (Verkauf)
Pabst, Adolph 1788 (Wasserrecht), 1791 (Wasserrecht), 1799 mit dessen Bruder Conrad (Wettbewerbsrecht)
Walther, (?) 1789 (Wasserrecht)
Kehr, (?) 1789 (Wasserrecht)
Vogt, Michael 1789 (Wasserrecht) , 1792 (Zivilrecht), 1795 (Wasserrecht)
Kaiser, Christian & Cons. 1791 (Wasserrecht), 1797 (Zivilrecht)
Bonewitz, (?), Hoffischer (?), 1795 (Wasserrecht)
Weiße und Ölmühle 1795 (Wasserrecht)
Walther, Heinrich 1796 (Zivilrecht), 1797 (Pachtzins)
Kühnische Mühle, Pflege Zwangsversteigerung 1799 (Weiße Mühle)
Reinhardt, Johann Adam 1799 (Näherecht)
Vogt, Wilhelm 1800 (Fischereirecht)
Kayser, Heinrich, 1841 Reinemann verkauft Mühle an Kayser, 1859
Lehnicke, Eduard, vor dem Nikolaitor 1859
Bommer, Kasseler ,13 Mühlenbesitzer 1887
Graue Mühle, Gebr. Kaiser, Mahlmühle 1887, 1898 Fischerstadt 5
Rasenmühle, Bommer, Johannes 1887, 1890,
Klemm, Max (Schneidemühle), 1892, 1908
Kasseler Str. 13, 1909, 1929
Westplatz 4, 1931
Ernst Klemm, 1934, 1936 Hedwig Klemm
Steinmetz, Friedrich, 1887, 1890,
Köchert & Co., Walkmühle, 1892
Kasseler Str. 4, 1896, 1903,
Lohmühlenweg 4, 1905, 1934
Grünbaum & Kleemann 27

Weiße Mühle/Krebsmühle

1639. [A] AKTEN UND URKUNDEN ÜBER DIE WEISSE ODER KREBSMÜHLE

Die Weiße oder Krebsmühle, die 1639 in einer verschollenen Akte erstmals genannt wurde, lag an der Mühlgasse, der späteren Fabrikstraße, die von der Katharinenstraße rechts zum Mühlgraben hin abzweigte und dann diesen flankierend auf das Gelände der späteren Kammgarnspinnerei verlief, wo die Mühle auf dem linken Mühlgrabenufer deren Keimzelle bildete. Kurz vor der Mühle quert noch heute eine kleine Brücke den Mühlgraben in Richtung Bleichrasen. Neben ihr steht, in keinem guten Zustand, heute ein Verwaltungsgebäude aus späterer Zeit.

1674 [A], CHRISTOPH DURENHEIM GEGEN HANS MATHES JERICHO WEGEN NÄHERKAUF[84] DER WEISSEN MÜHLE.

1674 klagte Christoph Durenheim gegen Hans Mathes Jericho wegen Näherkauf[85] der weißen Mühle.

Eine Beschwerde; sie entstand als der Müller Jacob Vogt im Winter 1677 in der Weißen Mühle nicht mehr mahlen konnte und die Schuld seinem oberen Nachbarn Andreas Müller von der Herrenmühle zuschieben wollte. Der hinzu gezogene Mühlmeister Drübner stellte aber sofort fest, dass sich wegen der Faulheit Vogts vor seiner Mühle Grundeis gebildet hatte und das Wasser aus dem Mühlgraben austrat und an der Mühle vorbeifloss.

Als der Winter gewichen war, wurden für den 25. April 1677 die beiden Hospitalmüller, die beiden Müller der Weißen Mühle und der der Herrschaftlichen Mühle durch den Fronboten ins Amt befohlen. Hier wurde ihnen klargemacht, welche Schäden sie durch ihre Nachlässigkeit verursacht hatten. Zugleich wurde ihnen vorgerechnet, welche Summen der Stadtrat zur Beseitigung der Behinderungen in den Mühlgräben aufgewendet hatte.

Auf Befragen der einzelnen Müller war natürlich keiner von ihnen schuld und jeder behauptete, er hätte sein möglichstes getan, um den Mühlgraben frei und die Mühlen in Gang zu halten. Und im Ernstfall gab es ja auch noch Nachbarn, denen man die Schuld in die Schuhe schieben konnte. Wer nun wofür aufkommen musste, steht leider nicht in der Akte. Aber man wollte wohl zukünftig schlauer sein. Deshalb schickte der Stadtrat am 1. Dezember 1678 den Fronboten in alle Mühlen, um die Müller auf den kommenden Winter und die zu erwartenden Schwierigkeiten einzustimmen, deren Beseitigung sie mit großer Regelmäßigkeit immer wieder vernachlässigten. Zur Bekräftigung dieser Forderung ließ auch die herzogliche Kammer des Herzogs Johann Georg dessen durchlauchtigstes Begehren in Worte fassen und dem Volk verkünden „dass alle Müller bei anhaltend hartem Wetter sowohl bei Tag als auch bei Nacht flei-

---

[84] Verkauf einer Sache, bei der der Käufer ein näheres Recht auf dieselbe als ein Anderer hat.

[85] Verkauf einer Sache, bei der der Käufer ein näheres Recht auf dieselbe als ein Anderer hat.

ßig und unablässig seien sollen, damit am Mahlen kein Mangel entstehen möge."[86] Aber wie immer geschah nichts.
Beinahe jährlich wiederholte sich das gleiche Schauspiel. Die Mühlgräben vereisten, wurden nicht vom Eise befreit, vor den Mühlen türmten sich Eisbarrieren auf, dann bildete sich Grundeis. In Folge dieser Ereignisse wurde das Mehl knapp, dann durfte nur noch Roggenschrot gemahlen werden und schließlich standen die Mühlräder still.
Bereits am 3. März 1680 verkaufte Hieronymus Eckardt seine Hälfte der Weißen Mühle an Andreas Müller. Zeugen dieses Geschäftes waren Johann Christoph Raab und Johann Adam Jäger.[87]

1639 [A] Akten und Urkunden über die weisse oder Krebsmühle
Im Jahr 1689 klagte Jacob Vogt, der seit 1677 Besitzer der Mühle war, gegen Georg Vogt wegen Zinsrückstandes. Ob beide verwandt waren, war nicht zu ermitteln. Eine weitere Klage, die uns aus dem Jahr 1697 überliefert ist, hatte ausstehenden Pachtzins zum Inhalt.

1688. [A] Weissenmüller gegen Max Ziegler betr. den Mühlen- und Wasserstreit.

1720. [A] Die Besichtigung der Ackermannisch wandelbaren Weidenbank und Stecklinge in der weissen Mühle.
So lautete der Titel einer verschwundenen Akte, von der wir nur wissen, dass sie einst existierte. Wahrscheinlich handelte es sich um das Produkt einer Uferbefestigung aus Weiden, die ein kreativer Müller an seinem Mühlgrabenufer zum Ergrünen gebracht hatte.
1752 erfahren wir vom Ankauf der Hälfte der weißen Mühle durch Anna Christina Gräf dadurch, dass sie Einspruch gegen die Abforderung des Lehngeldes einlegte. Was daraus geworden ist, konnte bisher nicht ermittelt werden.
1760. [A] Sämtliche Mühlenbesitzer gegen den weissen Mühlenbesitzer führen zum Bau an der Fischweide.
Im Jahr 1760 hatte sich der Besitzer der Mühle einer Klage zu erwehren, die, wie die Aktenaufschrift verriet, dazu führte, dass am Anfang der Fischweide ein Wehr errichtet wurde. Damit sollte den öfter auftretenden Überschwemmungen vorgebeugt werden.
Erst 1771 hören wir wieder von Eigentümern der Weißen Mühle, nämlich von Wachtmeister Cossius nomine des Herrn Legationsrat Schmidt zu Weimar und Herrn Regierungsrat von Koppenfels daselbst, der bei einer Besichtigung zugegen war.
1795. [A] Die Besitzer der weissen und Ölmühle wegen unterlassenen Auseisens.
Wenige Jahre trug die Mühle auch den Namen „Arnolds Mühle", nach ihrem Besitzer Bernhard Arnold in den Jahren 1834–1836. 1836 ging die „Weiße Öl- und Walkmühle vorm Georgentor" unter ihrem neuen Besitzer Carl Eichel in

[86] StaAE 10 C.XIX.W.12

[87] StAE 10 C.XIX.W.37

Die Weiße Mühle im Jahre 1874. Abbildung aus Hugo Peter: Die Kammgarnspinnerei Eisenach GmbH in ihrer Entwicklung bis zum Jahr 1923. Eckert & Pflug, Kunstanstalt Leipzig, 1924.

die Vermögensmasse der späteren Kammgarnspinnerei ein und wurde mit ihren drei Rädern in eine Wollenspinnmühle umgewandelt.

1833–1834. [A] Besichtigung einer Grenzierung zwischen dem Fabrikgebäude der Herren Carl Eichel (vormals weiße Mühle) und der Ölmühle des David Kaiser[88]
Der Vorgang wurde auf Neuvorlage verschoben. Noch einmal fragte die Großherzogliche Landesdirektion in Weimar den Stand der Bearbeitung am 11. März 1834 ab, die das Eisenacher Stadtgericht zu den Akten gelegt hatte.
Am 31. Juli 1833 beantragte Carl Eichel eine Besichtigung bei der weißen Mühle, da der Müller Kaiser an seiner gegenüber liegenden Mühle eine Grenzveränderung vorgenommen hatte. Bei der Besichtigung stellte sich heraus, dass Kaiser sein Gerinne verbreitert und vertieft hatte, um so mehr Wasser auf sein Mühlrad zu bekommen. Nach einigen weiteren Vergleichsvorschlägen erschien am 16. August der Anwalt Kaisers vor Gericht und erklärte, dass Kaiser dem vorläufigen Vergleich nicht zustimmen könne, denn er könne die nötigen Veränderungskosten nicht bestreiten. Nach weiteren Terminen vor Ort und vor Gericht warf nun der Anwalt Kaisers das Handtuch; er fühlte sich von Kaisers Frau bedroht und hatte zudem noch kein Honorar erhalten.

---

[88] StAE 10 C.XIX.W.37

Da keine Einigung zu erzielen war, verwies die Großherzoglich Sächsische Landesregierung, nachdem Kaiser ein Gesuch eingebracht hatte, der die Wiedereinsetzung des Vorgangs in den vorigen Stand, also die erste Instanz, die vor dem Stadtgericht entschieden worden war, versetzte. Danach hatte Kaiser den Rückbau seiner eigenmächtigen Veränderung des Gerinnes zu tätigen, zusätzlich eine Strafe von 10 Talern zu zahlen, die allerdings auf über das Doppelte angewachsen war. Nach fast einem Jahr endete die Sache, die Zahlung der Schuld noch nicht, denn Kaiser konnte dem Stadtgericht diese nicht vollständig erstatten. 1834 wollte der Müller David Kaiser in seiner Ölmühle einen Getreidemahlgang anlegen. Die Großherzogliche Landesdirektion in Weimar beauftragte zunächst das Eisenacher Stadtgericht mit der üblichen Abfrage nach Widersprüchen gegen dieses Projekt. Und so wurden die betreffenden Müller vorgeladen und ihnen der Plan Kaisers vorgestellt. Sie widersprachen gemeinschaftlich, indem sie auf die drückenden Erbzinsen aufmerksam machten, die bei einem weiteren Mahlgang, der ihnen Einnahmeverluste brächte, noch anstiegen. Sie bemerkten: „Es sind im Ganzen fünfundzwanzig Mahlgänge bei den schon bestehenden Mahlmühlen im Gange. Unser Gewerbe leidet auch dadurch sehr viel Nachteil, dass jetzt nicht mehr so viel Branntwein hier gebrannt wird und der Umsatz laufend sinkt.
Zu berichten wäre aus den Jahren 1862–1863 vom Bruch des Wehrbaus der Mühle infolge Hochwassers. In Folgenden ist von der „Weißen Mühle" nur noch unter der Rubrik „Kammgarnspinnerei" zu lesen.

Spittelmühle

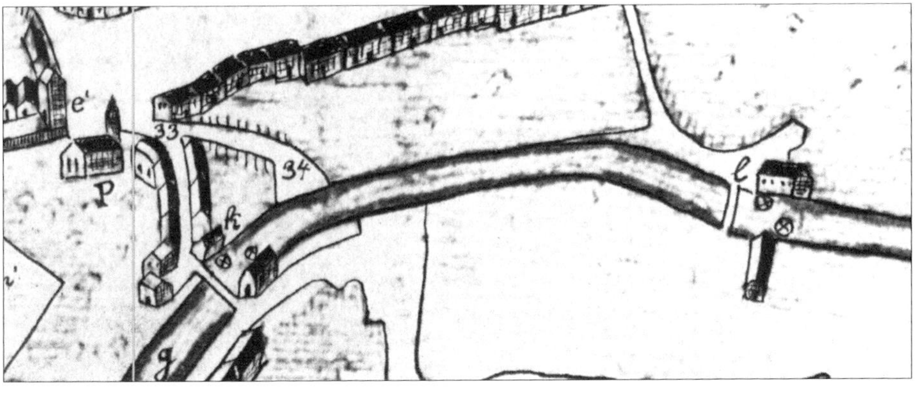

Karte von 1717. k = Spittelmühle und l als Weisse Mühle, jetzt Kammgarnspinnerei, früher Mittel- oder Krebsmühle. P = Kirche und Hospital St. Annen; 34 = Dreckgasse und 33 = Hinterm Spittel. Aus: Paul Lehfeldt und Georg Voss: Bau- und Kunst-Denkmäler Thüringens. Heft XXXIX. Grossherzogtum Sachsen-Weimar-Eisenach. Amtsgerichtsbezirk Eisenach. Lieferung 2: Die Stadt Eisenach. 1915 – nach Seite 256 | 352

Die Öl- und Walkmühle neben der Weißen Mühle

1722 wird Valentin Arnold, Tuch- und Raschmacher, Mitbesitzer der Öl- und Walkmühle neben der Weißen Mühle genannt.

Die Kammgarnspinnerei – ein Stück Eisenacher Industriegeschichte

Im Jahr 1809 lag die Schafzucht im Herzogtum Eisenach durch die andauernden Durchzüge französischer Truppen völlig am Boden. Dadurch fehlte es an Wolle zur Weiterverarbeitung im Textilhandwerk, die notdürftig durch die Verwendung von Baumwolle überbrückt wurde. Aus diesem Grund schlossen sich die Kaufleute Carl Eichel und Friedrich Pfennig zusammen und kauften den Grundbesitz des Wilhelm Matthes, eine Öl- und Walkmühle, die auf dem rechten Mühlgrabenufer gegenüber der Burgmühle gelegen war, um hier eine Spinnerei einzurichten, die sogenannte Spinnmühle. Da sich die Spinnerei gut entwickelte, suchte man nach Kapital, um die Anlage zu erweitern. Einen weiteren Partner fand man in dem Kaufmann Christian Friedrich Cramer und konnte 1812 die Weiße Mühle erwerben, die vor dem Georgentor etwa 1500 Schritte unterhalb der Spinnmühle lag. Sofort wurden bauliche Veränderungen vorgenommen und die Spinnerei vergrößert; hier kam auch eine neue Kammgarnmaschine zum Einsatz.

1829 war mit Friedrich Pfennig einer der Teilhaber verstorben. Mit Friedrich Eichel trat nun der Bruder Carl Eichels in die Firma ein, die sich nun „Eichel & Cramer“ nannte. Mit neuem Kapital ausgestattet, gelang schließlich der Kauf der den Brüdern Ehrhardt gehörenden Burgmühle mit 2 Mahlgängen nebst zugehörigen Wirtschafts- und Wohngebäuden auf dem linken Mühlgrabenufer und einer Schneidemühle auf dem rechten Ufer neben der Spinnmühle. In der Stadt erwarb die Firma das am Karlsplatz gelegene Grundstück des Kaufmanns Christian Streiber und in den Jahren 1835 und 1836 zwei in der Bootsmannsgasse sich gegenüberliegende Anwesen. Noch waren aber die Ansprüche der Firma noch nicht erfüllt. 1841 gelangte dann endlich die 1833 neu errichtete Öl- und Mahlmühle des Müllers David Kayser, die auf dem rechten Mühlgrabenufer gegenüber der Weißen Mühle lag, in den Besitz von Eichel & Cramer.

1835 war Friedrich Cramer verstorben. Nun lag die Führung des Unternehmens in den Händen der beiden Eichel-Brüder. Der Erwerb eines Grundstückes im Ackerhof, heute Sophienstraße 91 und Helenenstraße 2, bildete vorläufig den Abschluss der Kaufaktion. Nun konnten die Produktionsabläufe neu geordnet und besser koordiniert werden. Die Kaysersche Mühle wurde zur Wollwäscherei, neben ihr entstand eine Stearinfabrik, in der das im Waschwasser enthaltene Fett zu Wollfett verarbeitet wurde, während die beiden Häuschen in der Bootsmannsgasse und die Gebäude auf dem Ackerhof zum Rohwolllager umfunktioniert wurden. Die Ende der fünfziger Jahre aufkommenden Kämmmaschinen bewirkten eine Änderung im bisherigen Produktionsablauf. Dadurch waren die auswärtigen Faktoreien sowie die Kämmerei am Löbersbach

(heute Löberstraße) überflüssig und wurden aufgelöst. Nun erfolgte die Herstellung des Vorgespinstes in der Weißen Mühle, das eigentliche Spinnen in der Burgmühle.
1852 war Carl Eichel verstorben; kurz zuvor hatte sich auch sein Bruder Friedrich aus dem Geschäft zurückgezogen. An die Stelle Carls trat dessen Sohn Walter, an die Stelle Friedrichs sein ältester Sohn Eduard, dem der väterliche Anteil an der Firma überschrieben wurde. 1853 wurde den beiden Vettern der erbliche Adel verliehen.
1861 und 1862 wurden die ersten Dampfmaschinen in der Weißen Mühle in Betrieb genommen. Doch bereits seit einiger Zeit behinderten die räumlich zerstreuten Betriebe den Produktionsablauf. Eine Zusammenlegung war wünschenswert und auch längst vorbereitet, denn man hatte gelegentlich Grundstücke in der Nähe der Weißen Mühle angekauft, die nun eine beträchtliche Bodenfläche bildeten, um das Projekt einer Zusammenlegung der Produktionsstandorte angehen zu können. Zunächst baute man eine neue Wäscherei mit anschließender Krempelei und Kämmerei. Nach Fertigstellung wurden die Kämmereimaschinen aus der Weißen Mühle in den Neubau überführt, im freigewordenen Erdgeschoss der Weißen Mühle die Vorspinnerei und noch brauchbare Spinnmaschinen untergebracht. 1866 entstand ein neuer Spinnsaal mit 12 Selfaktoren [automatisch arbeitende Spinnmaschinen] zu je 500 Spindeln, die im Jahr darauf zum Einsatz kamen. Diese Maschinen erlaubten es nun, statt der stärkeren Strick- und Stickgarne feinere Webgarne zu fabrizieren. Den erhöhten Energiebedarf lieferte nun eine liegende Zweikolben-Dampfmaschine mit 4 Kesseln und einem 38 m hohen Schornstein.
Das Rohwolllager wurde in einem neu erbauten Speicher am Bleichrasen untergebracht; die Wollsortierung fand ihren Platz im Obergeschoss der Weißen Mühle. Im Jahr 1870 wurden wiederum ein Spinnsaal mit 12 Selfaktoren zu je

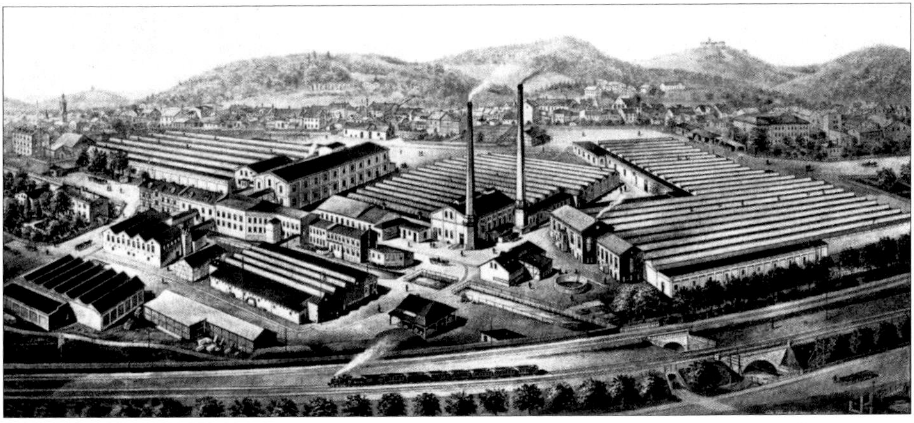

Die Kammgarnspinnerei Eisenach 1850. Die Kammgarnspinnerei Eisenach war vom 18. bis zum ausgehenden 20. Jahrhundert ein bedeutender Hersteller von Wollmisch-, Zellwoll- sowie Hochbauschgarnen. Das Unternehmen beschäftigte zeitweise mehr als 1.000 Mitarbeiter und war damit ein er der großen Arbeitgeber in der Region.

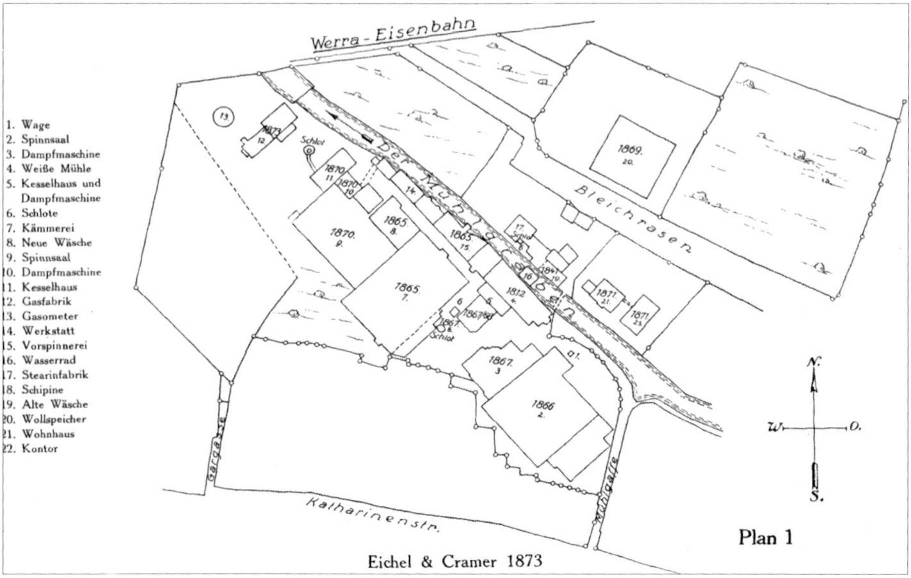

Abbildung aus Hugo Peter: Die Kammgarnspinnerei Eisenach GmbH in ihrer Entwicklung bis zum Jahr 1923. Eckert & Pflug, Kunstanstalt Leipzig, 1924.

600 Spindeln und ein weiteres Maschinen- und Kesselhaus erbaut, in dem eine doppelkolbige Balancier-Dampfmaschine arbeitete. Im Jahr zuvor hatte man den Grund und Boden der zwischen den Fabrikgebäuden liegenden Mühlgasse erworben und zum Fabrikgelände gezogen. 1871 war ein Wohnhaus für den technischen Leiter der Fabrik und ein Kontorgebäude für das kaufmännische Personal erbaut worden. Wäre noch zu erwähnen, dass Eichel & Cramer eine Fabrikkrankenkasse gründeten und im vorher erworbenen Gasthaus „Zur Krone“ (Katharinenstraße 40) ein Mädchenheim für unverheiratete Arbeiterinnen einrichteten.

Am 1. Januar 1884 wurde die bisherige Firma in die Eisenacher Kammgarnspinnerei Aktiengesellschaft mit einem Gründungskapital von 3 Millionen Mark überführt, wobei die Aktien sämtlich in den Händen der alten Inhaber verblieben.
Ab 1888 wurde wiederum eine bauliche Erweiterung vorgenommen. Im westlichen Fabrikteil wurde ein neuer Spinnsaal für 20 Selfaktoren zu je 600 Spindeln erbaut. 1892–1896 folgten als Erweiterung weitere Spinnsäle für 30 Selfaktoren für die Vorspinnerei, Dublierung, Weiferei, Zwirnerei und Garnpackerei. Der östliche Spinnsaal wurde abgebrochen und ein neuer erbaut, in dem 30 Krempeln und 50 Kammstühle untergebracht wurden. Daran anschließend enstand eine neue Wäscherei. Die alte, 1865 errichtete Krempelei und die Kämmerei wurden abgerissen. Nun wurden auch die unmittelbar am Mühlgraben liegenden Gebäude umgebaut; die Weiße Mühle bekam im Erdgeschoss die technischen und kaufmännischen Büros zugeordnet.
Zwei Maschinenhäuser wurden neben einem Zentralkesselhaus errichtet; die alte Mühlradtechnik wurde 1897 durch eine Turbinenanlage ersetzt. Ein Jahr

später erhielt der gesamte Betrieb eine elektrische Beleuchtung. An der Stedtfelder Chaussee wurden 11000 m² Artland angekauft und an Werksangehörige verkauft. An der Westgrenze des Fabrikgeländes wurde ein Garten erworben, der an die Kasseler Straße grenzte. Nun erhielt der Betrieb hier eine Ausfahrt, ebenso konnten 10 Arbeiterhäuser an der Kasseler Straße und 7 am Lohmühlenweg angekauft werden. Doch die Aufträge gingen zurück und zwangen zur Produktionseinschränkung. Erst zu Beginn des neuen Jahrhunderts belebte sich das Geschäft wieder.

1906 vereinigte sich der Betrieb mit der Nordeutschen Wollkämmerei & Kammgarnspinnerei in Bremen und firmierte nun unter Nordeutsche Wollkämmerei & Kammgarnspinnerei, Filiale Eisenach. Fortwährend wurden neue Maschinen angeschafft und in Betrieb genommen. Aber auch für das Arbeiterwohl wurde durch den Neubau von 8 Arbeiterhäusern am Lohmühlenweg weiter gesorgt.

Doch der 1. Weltkrieg stoppte die günstige Entwicklung. Nach und nach musste sich der Betrieb durch ausbleibende Rohwollelieferungen bedingt mit großen Problemen herumschlagen, die 1916 zur gänzlichen Betriebseinstellung führten. In die verwaisten Fabrikhallen zogen das immobile Kraftwagenhilfsdepot Nr. 4, das Städtische Nahrungsmittelamt und die freiwillige Kriegshilfe ein. Erst 1917 gelang es der Filiale, durch die dem Kriegsministerium unterstellte Woll- und Wollgarnverwertungsstelle in Berlin mit der Sortierung von Beutegarnen beschäftigt zu werden. Mit der Aufhebung der Beschlagnahme des Betriebes gelang Mitte des Jahres 1919 die Wiederaufnahme der Produktion durch Beschaffung von Rohwolle aus der Region.

Kammgarnspinnerei Eisenach G. m. b. H. Anfang 1924 Plan 3

Abbildung aus Hugo Peter: Die Kammgarnspinnerei Eisenach GmbH in ihrer Entwicklung bis zum Jahr 1923. Eckert & Pflug, Kunstanstalt Leipzig, 1924.

Am 1. Juli 1920 wurde aus organisatorischen Gründen die Eisenacher Filiale zur Kammgarnspinnerei Eisenach GmbH. Sie war nun Pächterin der Bremer Muttergesellschaft und blieb eng mit dieser verbunden. Bis 1923 stieg die Beschäftigtenzahl auf 1500 Personen, während sich die Garnproduktion fast vervierfachte. Im gleichen Jahr gelang es der Firma, den Garten und das Chausseewärterhäuschen an der Kasseler Straße zu erwerben und somit das Fabrikgelände bis zum Beginn der Frankfurter Straße auszudehnen.
Am 14. Juni 1932 beschloss eine Gläubigerversammlung die Gründung von zwei Nachfolgegesellschaften. Eine davon war die Norddeutsche Woll- und Kammgarnindustrie AG (NW&K) mit Betrieben in Delmenhorst, Mühlhausen, Eisenach und Fulda.
1939 erklärten die Nationalsozialisten die Nordwolle zum Wehrmachtsbetrieb. Das Unternehmen produzierte von nun an für die Rüstungsindustrie und setzte während des Krieges Fremdarbeiter aus den von Deutschland besetzten Gebieten zur Zwangsarbeit ein.
Nach Kriegsende gingen der Gesellschaft die Betriebe auf dem Territorium der späteren DDR verloren. Sie gingen als volkseigene Betriebe ins Vermögen des Staates ein.
Der Runde Tisch des Kreises Eisenach tagte am 2. Januar 1990. Dem Warnstreik von Arbeitern des Kraftverkehrs schlossen sich am darauffolgenden Tag Mitarbeiter der Eisenacher Kammgarnspinnerei mit einem eigenen Warnstreik und einem Forderungskatalog an. Doch es nützte alles nichts. Der Betrieb wurde wie mancher andere Opfer der politischen Wende.

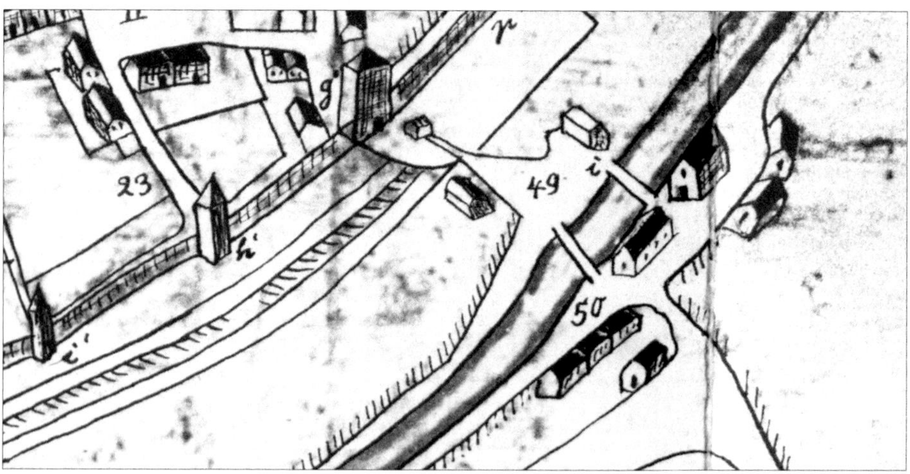

Karte von 1717. i = Nadelmühle, g‘ = Nadeltor, 23 = Kleine Grüne Gasse, 49 = Vorm Nadeltor; 50 = Fischerstadt. Aus: Paul Lehfeldt und Georg Voss: Bau- und Kunst-Denkmäler Thüringens. Heft XXXIX. Grossherzogtum Sachsen-Weimar-Eisenach. Amtsgerichtsbezirk Eisenach. Lieferung 2: Die Stadt Eisenach. 1915 – nach Seite 256 | 352

Ölmühle

1684. [A] DIE ÖLMÜHLE UND DEREN REPARATUR BETR.
1697. [A] TAUSCHKONTRAKT DER . . . ÖLMÜHLE ZWISCHEN AUGUST UND CYRIAK KAISER.
1700. [A] DIE VERPACHTUNG DER OELMÜHLE AN SABINE UND HANS HEINR. SCHUCHARDTEN.
1795. [A] DIE BESITZER DER WEISSEN UND ÖLMÜHLE WEGEN UNTERLASSENEN AUSEISENS.

Ilgen, Hans, Mühle vor dem Claustor 1635, 1722
Valentin Arnolds, Tuch- und Raschmacher, Mitbesitzer der Öl- und Walkmühle neben der Weißen Mühle,
Besitzer der Wiesen-Mühle
Hans Max Jacobi, Mitbesitzer der gegenüberliegenden Öl- und Walkmühle
Schiller, Jeremias 1664
Eckardt, Heinrich 1664
Mathes, Jericho, Hans, 1674
Eckardt, Hieronymus, 1677, 1678, 1680
Müller, Andreas (?) 1677, 1681
Ziegler, Max, 1678, 1688
Cott, (?) 1678
Schuchardt, Heinrich 1679
Vogt, Georg, 1677, 1696
Kühn, Hans G. (?) 1680
Vogt, Justin 1680, 1691 (Pachtzins)
Rudloff, Cyriacus 1680
Zesch, D. & Cons. (?) 1680
Kohring, Josts Witwe (?) 1680
Solts, Conrad 1681
Göpel, Elias 1681, 1683
Göpel, Jacob 1681, 1688, 1691 (Pachtzins)
Schmidt, Jost,1681
Gebhardt, Heinrich 1684
Göpel, Caspar 1684
Kühn, Pastin 1684
Göpel, Sebastian 1684, 1705 (Pachtsache)
Ilgen, Sebastian (?) 1683, 1697
Herrschaftliche Mühle, Verpachtung und Verkauf 1683
Ölmühle vor dem Nollentor 1684, 1686, 1689
Böttger, H., Cossischs Erben 1685
Cotta, Johann Friedrich 1686
Öl- und Walkmühle, [Kaufbrief] 1686
Hans Max Jacobi, Mitbesitzer der gegenüberliegenden Öl- und Walkmühle
Vogt, Hans 1686, 1689
Sülzner, Johanns Erben, 1688
Rudloff, Hans G. 1688, 1697, 1700 (Zivilsache), 1710 (Zivilsache),
Koch[in], Fr. 1689
Ölmüller 1689
Schmidt, Just 1689
Vogt, Just 1691 (Pachtzins)
Ilgen, G. 1691 (Pachtzins)
Eckardt, Caspar 1691
Hofmanns, Witwe 1691 (Zivilsache)
Trautmann, David 1696
Vogt, Christoph 1696, 1697 (Mühlenverwüstung)
Gebhardt, Wolf 1697
Ölmühle, Kaiser, August und Kaiser, Cyriak, Tauschkontrakt 1697
Ölmühle, Verpachtung an Sabine u. Hans Heinrich Schuchardt 1700
Vogt, Peter 1705 (Pachtsache)
Jäger, (?) (Zivilsache)
Matthes, Andreas Wilhelm 1707 (Zivilsache)
Gebhard, Elisabeth 1707 (Pachtzins)
Vogt, Hans 1707 (Pachtzins)
Ilgen, Volkmar 1716 (Hospitalmühle)
Mathes, Paul 1719 (Wasserrecht)
Duphorn, Wilhelm 1719 (Wasserrecht)
Ackermann, (?) 1720 Weiße Mühle
Medius, Leibmedicus & Cons. 1728 (Pachtzins)
Leifer, Melchior 1728 (Pachtzins)
Walther, Johann Georg 1728 (Abwerbung Mahlgäste)
Deubner, Michael & Cons. 1728 (Zivilsache)

Vogt, Sebastian 1730 (Verpachtung der Heydenreichschen Mühle)
Vogt, Georg Sebastian 1730 (Zivilsache)
Vogt, Johann Christoph 1736 (Zivilsache)
Breng, Jonas (wahrscheinlich Mahlknecht) 1736 (Zivilsache)
Schellhaß, Paul Ludwig & Cons. 1740 (Zivilsache)
Schlag- und Walkmühle, gemeinschaftl., Joh. Balth. Jöck g. Wilhelm Ehmer, Irrungen 1754
Schröder, Johann 1742
Vogt, Michael 1730, 1792, 1795, 1797,
Ackermann, Johann Conrad & Cons. 1740 (Zivilsache)
Schröder, Johann 1742 (Pachtzins)
Kley, Geleitsmann 1745 (Zivilsache)
Kehr, Sebastian 1746 (Pachtzins)
Heydenreich, Wilhelm 1746 (Pachtzins)
Jöck, Johann Balthasar 1754 (Zivilsache)
Ehmer, Wilhelm & Cons. (Weißgerber) 1754 in Zivilsache bei der Schlag- und Walkmühle
Ilgen, Wilhelms Witwe 1755 (Mühlen-Erbzins)
Wolf, Johann Peter 1758 (Zivilsache)
Neumar, Andreas & Cons. 1761 (Pachtzins)
Mohr, Anton 1761 (Pachtzins)
Kehr, Adam 1761 (Wasserlauf)
Pabst, Johannn Adam 1761 (Wasserlauf), 1763 (Pachtzins)
Sülzner, Georg 1762 (Wasserschaden)
Pabst, Johann Heinrich 1763 (Pachtzins), 1764 (Fischereirecht), 1764 (Pachtzins), 1766 (Baurecht), 1769 (Baurecht), 1776 (Zivilrecht), 1777 (Zivilrecht), 1783 (Fischereirecht), 1783 (Baukosten), 1784 (Baukosten), 1786 (Zivilrecht), 1786 (Fischereirecht) 1788 (Wasserrecht), 1789 (Baukosten
Laser, Adam 1763 (Wasserlauf)
Duphorn, Justin 1763 (Wasserlauf)
Duphorn, Johann Georg 1764 (Fischereirecht)
Bohl, Wilhelm 1764 (Pachtzins), 1777 (Pachtzins)
Herda, Rat 1765 (Pachtzins), 1765 (Kautionsgestellung), 1787 (Pachtzins), dessen Erben 1787 (Zivilrecht)
Walther, Sebastian 1765 (Fischereirecht)
Streiber, Pachtmüller 1765 (Pachtzins),
Bachmann, Barthel 1765 (Kautionsgestellung), 1789 (Wasserrecht)
Kühn, Kommerzienrat 1765 (Prozesskosten)
Behr, Johann Adam 1771 (Pachtzins)
Deubner, Sabina 1771 (Zivilsache)
Duphorn, David 1771 (Burgmühle), 1776 (Baukosten)
Walther, Johann Caspar 1772 (Wasserrecht)
Kaiser, Christian 1772 (Wasserrecht), 1787 (Kauf d. herrschaftlichen Mahl- und Schneidemühle), 1795 (Erbrecht)
Oehring, Johann Tobias 1774 (Näherecht)
Oehring, Conrad 1774 (Näherecht)
Jerk, Conrad 1775 (Zivilrecht), 1776 (Baukosten)
Oehring, Balthasar, dessen Witwe 1776 (Kaufrecht)
Pabst, Christian & Cons. (Weißgerber) 1776 (Zivilrecht)
Streiber 1776 (Zivilrecht), 1777 (Zivilrecht)
Thon, Johann Sebastian (Pachtzins)
Mathes, Paul 1779 (Wasserrecht)
Vogt, Justin 1780 (Zivilrecht)
Thon, G. Wilhelm 1781 (Pachtzins), 1788 (Wasserrecht), 1798 (Baurecht), 1799 (Baurecht), 1799 (Näherecht)
Feist- und Cramersche Handlung 1786 (Zivilrecht), 1786 (Fischereirecht), 1786 (Baukosten), 1789 (Baukosten)
Schröder, Christoph 1786 (Baukosten)

Große Nadelmühle

Der Mühlgraben vor dem Nadeltor soll im 12.–13. Jh. gestochen worden sein, als das Tuchmacherhandwerk seine Walkmühle vom Amrichen Wasser näher an die Stadt brachte. Es soll auch die Fischerei in dem gesamten Mühlgraben bis 1828 gehabt haben. 1817[89] wird das Tuchmacherhandwerk als Eigentümer des Mühlgrabens vom großen Wehr bis an die Burgmühle bezeichnet, ebenso wie der von der Pulvermühle bis an die Spicke.
Ein Hans Nollenmüller wurde als Steuerpflichtiger zur Türkensteuer im Jahr 1542 genannt. Zu dieser Zeit war noch nicht erkennbar, ob es sich um die Große oder die Kleine Nadelmühle handelte. Von 1716 an ist der Müller Johannes Duphorn auf der Großen Nadelmühle belegt. Sie besaß drei Räder, wovon eines eine Schneidemühle antrieb.

1716. [A] Die Legung eines neuen Fachbaums der Großen Nadelmühle.[90]
Wie üblich wurden zunächst Fachbaum und Sicherpfahl in ihrer Lage überprüft, um Abweichungen von früheren Messungen auszuschließen. Dazu war wieder erhebliches Personal aufgeboten worden. Da hier jedoch von einer Rektifizierung gesprochen wurde, einer Berichtigung also, müssen Differenzen aufgetreten sein. Vielleicht folgte in der Akte eine Abschrift der Fachbaumlegung aus dem Jahre 1616; damalige Messungen sind daraus jedoch nicht zu entnehmen. Dann sprang die Berichterstattung wieder ins Jahr 1716, in dem der herzogliche Regierungspräsident Auskunft über den Fachbaum der benachbarten Burgmühle erlangen wollte, da der neu gelegte Fachbaum der Nadelmühle den Abfluss des Wassers hemmte, so dass das Wasser zwischen beiden Mühlen wie in einem Teich stand und der Pachtmüller der herrschaftlichen Burgmühle nicht mehr wie früher mahlen konnte und befürchtet wurde, dass der Mühlgraben im Winter zufrieren würde. Weitere Folgeschäden wurden aufgezählt und endlich gefordert, dass die Nadelmüller den Wasserstau bei Strafandrohung beseitigen. Der Stadtrat empfahl die Prüfung der Angelegenheit; die Besitzer der Burgmühle drohten mit Klage. Man verständigte sich auf einen Termin am 2. Oktober des Jahres 1716. Dieser schien aber nicht realisiert worden zu sein, denn am 14. Oktober und am 20. Mai 1717 erneuerten die Burgmühlenbesitzer ihre Forderung. Am 31. Mai ordnete der Regierungspräsident eine weitere Besichtigung unter Leitung des Oberbaumeisters Johann Mützel an und verlangte darüber einen Bericht. Inzwischen, es nahte der 14. Juli 1717, wäre der Termin beinahe wieder geplatzt, da der Ort des Sicherpfahls, der sich auf dem Gelände der Walkmühle befand, durch dort gelagertes Brennholz blockiert war. Trotzdem fand die Besichtigung statt. Mützel nahm an, dass bereits vor längerer

[89] B XXII.16

[90] StaAE 10 C.XIX.W.32

Zeit verlegte Fachbäume inzwischen abgezehrt seien und daher ihr Verhältnis zueinander nicht mehr stimmte und empfahl daher die Einbeziehung weiterer grabenabwärts liegender Triebwerke in die Untersuchung. Es stellte sich heraus, dass der Sicherpfahl der Nadelmühlen bewegt worden war und somit zur Erhöhung des Fachbaums in seiner neuen Position geführt hatte, also den Mühlgraben mehr Gefälle und damit eine erhöhte Fließgeschwindigkeit des Wassers verschafft hatte, während sich bei der Burgmühle das Wasser kaum bewegte. Mützel empfahl, etwas vom Fachbaum der Nadelmühle abzunehmen, da sonst der Burgmühle nicht zu helfen sei, was dann wohl auch geschah, denn ab dem 18. August 1717 ist der Vorgang anhand der Akten nicht weiter verfolgbar.

Von 1746 an war die Mühle an Philipp Kehr verpachtet, der noch 1782 auf ihr saß, also auch nach dem Verkauf an Assesor Hofmann und Archiv-Sekretarius Heim im Jahr 1771.

1759. [A] DAMM- UND WASSERGRABEN-PACHTKONTRAKT ZWISCHEN DEN BESITZERN DER BURG-, GROSSEN UND KLEINEN NADELMÜHLE.

1771. [A] JOH. ADAM BEHR GEGEN DIE BESITZER DER GROSSEN NADELMÜHLE WEGEN MÜHLENPACHT.

1773. [A] DIE BESITZER DER GROSSEN UND KLEINEN NADELMÜHLE GEGEN DAVID DUPHORN WEGEN WASSERBAUKOSTEN.

In diese Zeit fällt die erneute Legung eines neuen Fachbaums im Jahr 1773.

1773. [A] Die Legung eines neuen Fachbaums.[91]

Am 27. Juli 1773 sollte sich das ganze Procedere wiederholen, denn es wurde wiederum die Legung eines neuen Fachbaums bei den beiden Nadelmühlen beantragt. Der neue Fachbaum sollte um 1 Zoll höher als der Sicherpfahl gelegt werden, da die Zugabe eines Zehrzolles üblich sei. Dagegen legte der Burgmüller David Duphorn Widerspruch ein. Gelegt wurde der Fachbaum ohne Zugabe des Zehrzolls. Der Akte liegen die Rechnungen des Gothaischen Straßenbaumeisters Rudolf Friedrich Schmidt sowie die Aufstellung der Amtsgebühren bei.

1787. [A] DIE VOM RAT HERDAS ERBEN GESUCHTE RÄUMUNG DER VON DUPHORN IN PACHT HABENDEN NADELMÜHLE BETREFFEND.

1792. [A] DIE ERGANGENE VERFÜGUNG AN DUPHORN BEI GROSSEM WASSER DIE HAUPTSCHLEUSE ZU ÖFFNEN.

1795. [A] DAVID DUPHORN GEGEN BONEWITZ WEGEN EINGEZOGENER SCHUTZBRETTER.

1799. [A] VERRECHNUNG AN DIE BESITZER DER GROSSEN NADELMÜHLE, DER FRAU RÄTIN HEIN SICH IHREN MÜHLENANTEIL (4/10) ZUSCHREIBEN ZU LASSEN.

1799. [A] DAVID DUPHORN WEGEN STAUUNG DES WASSERS

---

[91] StaAE 10 C.XIX.W.32

Westlich der Ölmühle am Schulplatz, der später in Rathenauplatz umbenannt wurde, stand die Große Nadelmühle. Sie war eine stattliche Anlage an der Verbindungsstraße zur Werneburgstraße, von der die Fischerstadt abzweigte.[1]

Bis zum Jahr 1823 besitzen wir keine Nachrichten über die Mühle. Am 12. April 1819 aber bestahl Johann David Stück die Pächterin der großen Nadelmühle Anne Katherine Vogt und musste dafür bis 1823 seinen Aufenthalt im Zuchthaus nehmen. 1834 gelangte die Mühle in den Besitz von Christoph Ferdinand Reinemann. 1855 war dann dessen Nachfolger Georg Reinemann der Inhaber der Mahl- und Schneidmühle, deren Anschrift sich 1913 in Schulplatz 3 und Fischerstadt 1/5 änderte.
Zuvor hatte im Jahr 1906 Georg Reinemann um die Erlaubnis zum Einbau einer Turbinenanlage für die Nadelmühlen bei der Großherzoglichen Bezirksdirektion nachgesucht. Neben dem Rechtsbeistand der Burgmühle legte auch der Mühlenbesitzer H. A. Maurer Einspruch ein, der mit einem Sechstel am Fachbaum der Nadelmühlen beteiligt war. Doch die Turbinenanlage wurde genehmigt und ging im Februar 1907 in Betrieb. Nicht realisiert wurde der Fischpass, wir würden ihn heute Fischtreppe nennen. Reinemann wollte diesen auch nicht anlegen, weil es nach der Aussage des Hoffischers Bonewitz im Mühlgraben nicht einen einzigen Fisch gäbe. Einer anderen Akte, die die Stauanlagen des Mühlgrabens zum Inhalt hat, ist zu entnehmen, dass der Mühlenbesitzer Georg Reinemann sich am 7. Januar 1914 das Leben genommen hatte. 1917 firmierten die Nadelmühlen unter der Bezeichnung „Eisenacher Mühlenwerke GmbH“, ehe die Große Nadelmühle am 9. Juni 1918 abbrannte.
Eingeleitet wurde der Großbrand der Großen Nadelmühle, auch Reinemannsche Mühle genannt, an der Fischerstadt am 9. Juni 1918 durch drei Explosionen.

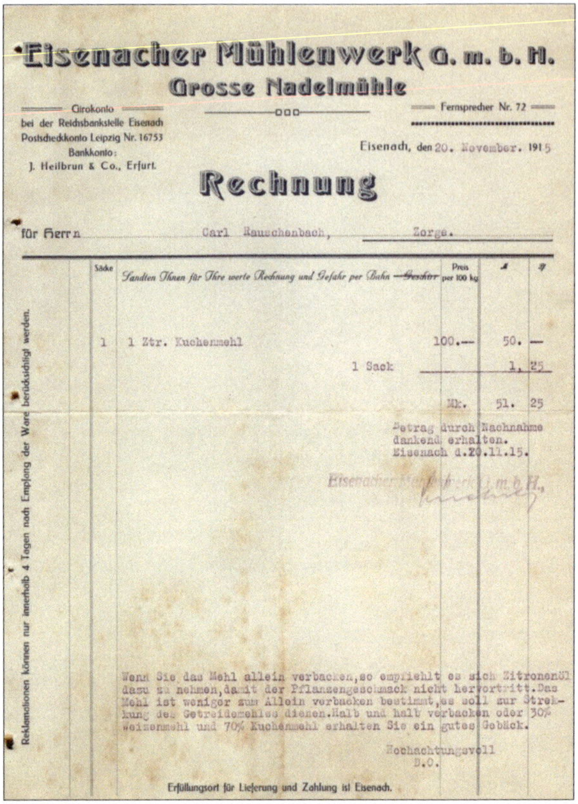
Eisenacher Mühlenwerk G. m. b. H.
Grosse Nadelmühle

Girokonto
bei der Reichsbankstelle Eisenach
Postscheckkonto Leipzig Nr. 16753
Bankkonto:
J. Heilbrun & Co., Erfurt.

Fernsprecher Nr. 72

Eisenach, den 20. November. 1915

Rechnung

für Herrn Carl Rauschenbach, Zorge.

Säcke	Sandten Ihnen für Ihre werte Rechnung und Gefahr per Bahn ~~Geschirr~~	Preis per 100 kg	ℳ	₰
1	1 Ztr. Kuchenmehl	100.—	50.	—
	1 Sack		1,	25
		Mk.	51.	25

Betrag durch Nachnahme
dankend erhalten.
Eisenach d.20.11.15.

Eisenacher Mühlenwerk G.m.b.H.,

Wenn Sie das Mehl allein verbacken, so empfiehlt es sich Zitronenöl dazu zu nehmen, damit der Pflanzengeschmack nicht hervortritt. Das Mehl ist weniger zum Allein verbacken bestimmt, es soll zur Streckung des Getreidemehles dienen. Halb und halb verbacken oder 30% Weizenmehl und 70% Kuchenmehl erhalten Sie ein gutes Gebäck.

Hochachtungsvoll
B.O.

Reklamationen können nur innerhalb 4 Tagen nach Empfang der Ware berücksichtigt werden.

Erfüllungsort für Lieferung und Zahlung ist Eisenach.

Rechnung der Großen Nadelmühle aus dem Jahr 1915 für einen Kunden aus Zorge am Harz. An dem Beispiel lässt sich der Einfluss der Eisenbahn auf die Erweiterung der Warenströme beobachten, die den Industriemühlen ermöglichte, weiter entfernte Kunden zu erreichen. Repro: ttn 2019. Sammlung Autor.

Im Jahr 1922 erstellte die Stadtgemeinde Eisenach einen Vertragsentwurf über die Verpachtung der Wasserkraft der beiden Nadelmühlen. Als Pächter war der Mühlenbesitzer Eduard Robert Maurer vorgesehen. Zur Verpachtung kam es nicht. Zunächst beschäftig-

Am Morgen nach dem Großbrand auf der Brandstätte. Foto Leffler, Eisenach.[1]

Mitarbeiter des Technischen Hilfsvereins bereiten die Sprengung des Schornsteins der Großen Nadelmühle vor.

In einer gewaltigen Staubwolke sinkt der Schornstein der Großen Nadelmühle nieder.

Die Beteiligten der Sprengung nahmen auf dem Ergebnis ihrer Arbeit Aufstellung. Alle Fotos Leffler, Eisenach.[1]

te sich das Stadtgericht noch mit einer Streitsache der beiden Nadelmühlen, ehe die Stadt Eisenach die Grundstücke der „Eisenacher Mühlenwerke GmbH" im Jahr 1935 kaufte.

Noch einmal, im Jahr 1937, war das Mühlengrundstück Mittelpunkt des Interesses der Eisenacher Bürger, als der Schornstein als letztes Zeugnis der Mühlengeschichte niedergelegt wurde.

Kleine Nadelmühle, später Ölmühle auch Brückenmühle neben der Steinbrücke vor dem Nollentor

1720. [A] Die Besitzer der kleinen Nadelmühle gegen das Tuchmacherhandwerk.

1759. [A] Damm- und Wassergraben-Pachtkontrakt zwischen den Besitzern der Burg-, grossen und kleinen Nadelmühle.

1767. [A] Des Fahrknechts in der kleinen Nadelmühle wegen Schadensfahrens.

1773. [A] Die Besitzer der grossen und kleinen Nadelmühle gegen David Duphorn wegen Wasserbaukosten.

Die Kleine Nadelmühle wurde mit ihrem Müller Georg Göpel erstmals in den Jahren 1633 bis 1635 genannt.

Im Jahr 1720 klagten die Besitzer der Kleinen Nadelmühle, es müssen also zumindest zwei gewesen sein, gegen das Tuchmacherhandwerk. Da die Akte verschollen ist, kann der Grund leider nicht mehr eruiert werden.

Der Mahlmüller in der Kleinen Nadelmühle Hieronymus Walter war 1722 Verfasser eines Berichtes über den Zustand des Weges entlang des Mühlgrabens, der damals Inhalt einer Eingabe an den Eisenacher Stadtrat war. Er ist jedoch verschollen, genau wie der Damm- und Wassergraben-Pachtkontrakt zwischen den Besitzern der Burg-, großen und kleinen Nadelmühle des Jahres 1759. Seit 1753 war Johannette Margarethe Schreiber Besitzerin der Mühle. Zumindest seit dieser Zeit war Caspar Kehr Pächter der kleinen Nadelmühle. Ob er mit Johann Caspar Kehr identisch ist, der mit seinen Consorten 1758 in einer Zivilsache vor Gericht zu erscheinen hatte, können wir nicht abschließend klären.

1766 war jedenfalls der Pfarrer Voigt aus Großenlupnitz Miteigentümer der kleinen Nadelmühle. In diesem Jahr wurde ihm beim Verkauf seines Anteils Abzugsgeldfreiheit gewährt.

Auch die Klage gegen den Schreiberschen Fahrknecht wegen Schadensfahrens 1767 und dem Streitfall zwischen den Besitzern der Nadelmühlen gegen den Müller David Duphorn wegen Wasserbaukosten im Jahr 1773 gehören zu den verschollenen Akten.

1782 begegnet uns bei der Kleinen, auch unteren Nadelmühle, ein Müller namens Steuber als Eigentümer neben der verwitweten Regierungsrätin Grade. An anderer Stelle wurde er jedoch als Besitzer der Walkmühle unter der kleinen Nadelmühle genannt.

Ab 1834 war dies dann ebenfalls ein Caspar Kehr; sehr unwahrscheinlich, dass es der oben genannte war, denn inzwischen waren über achtzig Jahre vergangen.

Nach 1859 war die Mühle fest in der Hand der Familie Maurer; zunächst ab 1863 bei Adolf Maurer, 1887 war der Müller Heinrich Maurer Ölmüller in der Fischerstadt 3, 1896-1910 dann Robert Maurer. Von 1910-1929 hieß der Müller der Kleinen Nadelmühle H. A. Maurer; jetzt war die Adresse Fischerstadt 2.

Wieso 1906 Georg Reinemann als Eigentümer der Nadelmühlen genannt wurde, als er um Genehmigung zum Einbau von Turbinen bei der Stadtverwaltung nachsuchte, erschließt sich mir nicht, denn die Kleine Nadelmühle war ja fest in den Händen der Familie Maurer. Vielleicht war er vor geplanten Modernisierungsmaßnahmen als Kaufinteressent bei der städtischen Verwaltung aufgetreten, um seine Chancen auszuloten.

Walter Natz war ab 1931 der letzte Eigentümer und Ölmüller in der Fischerstadt 2/3, der die Mühle, dann mit der Hausnummer 2/4 im Jahr 1950 in den Ruhestand schickte. Sie diente anschließend noch als Produktionsstätte Eisenach des Kraftfuttermischwerkes Mühlhausen, das hier Futtermischungen produzierte. Die Mühle selbst war mehr oder weniger nur noch Ruine, lediglich eine Antriebswelle erinnerte noch daran, dass hier einmal eine Mühle in Betrieb war. Der Betrieb existierte noch etwa bis 1966.

Blick nach Westen von der Mühlgrabenbrücke zwischen Rathenauplatz (früher Schulplatz) und Werneburgstraße auf die Ölmühle um 1950.

Über die Freifläche der Goethe-Turnhalle an der Goethestraße hinweg, damals zum Schulplatz gehörig, fotografierte Hugo Richardt 1940 den Schlagballweitwurf der hier abgebildeten jungen Damen. Dabei erfasste sein Objektiv auch das Geschäftslokal der Ölmühle an der Ecke der Werneburgstraße im Bild links zu sehen.
Beide Sammlung: Karlheinz Büttner.

Die Ölmühle nach 1930. Fotograf unbekannt.[1]

Blick zur Verkaufsstelle der Oelmühle. Sammlung: Karlheinz Büttner

Die Mühle unter dem Gange

Sie lag gegenüber der Großen Nadelmühle und besaß zwei Mahl- und einen Spinnmühlengang. Erst im Besitz des Tuchmacherhandwerks, wanderte sie dann in die Hände der Familie Eichel-Streiber.
Dem Caspar Kehr, der in der ehemals Streiberschen Mühle, zuvor „die Mühle unter dem Gange" genannt, vor dem Nadeltor einen Ölmühlengang anlegen wollte, wurde von der Großherzoglichen Landes-Direktion die Zustimmung versagt. Doch Kehr gab noch nicht auf und stellte erneut einen Antrag. Dabei bediente er sich des Musters des Prozesses Vogt gegen Kayser. Und da nun auch Vogt einen erneuten Antrag stellte, hatte die Großherzogliche Landes-Direktion zwei Anträge zu bearbeiten, die sie aber beide ablehnte.

Die Walkmühle unter der kleinen Nadelmühle

Nur wenig war über diese Mühle zu erfahren. Aus dem Jahr 1706 kennen wir ihren damaligen Besitzer Hans Georg Jacob.
Ober-Kommerzienrat Streiber und Herr Johann Christian Bähr wurden 1771 als Besitzer der Walkmühle an der kleinen Nadelmühle genannt.

Kupferhammer/Herrenmühle

Bereits vor der Reformation wurde die wahrscheinlich auf die Augustiner-Chorherren vom Kollegiatstift „Unsere Liebe Frau" zurückgehende Herrenmühle als Kupferhammer genutzt. Verarbeitet wurde Schwarzkupfer, das in

Stedtfeld aus dem dort geförderten Kupferschiefer als Anreicherungsprodukt gewonnen wurde. Die beiden Kupferhämmer wurden wie wir bereits wissen, 1542 als Steuerzahler genannt. Hans Göpel und Heinrich Kesseler waren die Besitzer, von denen wir allerdings nicht wissen, welcher Kupferhammer später zur Herrenmühle mit den drei Mahlgängen und einem Schneidemühlengang wurde. Der Chronist vermeldete, dass Christoph Göbel (vielleicht der Sohn des Hans Göpel) in seinem Kupferhammer „in so grausamen Winden Kupfer geschmolzen hatte", dass am 3. März 1590 Feuer aufkam, welches Heinz Salomons Mühle auf dem Rasen zerstörte. 1621 verkauften die Erben des einen Kupferhammers den ihren an Herzog Johann Ernst (1566–1638), während der andere 1635 Eigentum des Caspar Heupt wurde. Es ist uns leider nicht möglich, die Kupferhämmer genau zuzuordnen.

Herzog Johann Ernst benutzte seinen kurzzeitig zu recht dunklen Geschäften, indem er von 1620 bis 1622 eine „Heckenmünze" einrichtete, also eine unerlaubte Münzprägestätte. Das Münzregal (Regal = wirtschaftlich nutzbares Hoheitsrecht) stand allein seinem Bruder Johann Casimir zu, der in Coburg saß. Danach begegnet man in den Stadtratsakten und im Eisenacher Kirchenbuch dem Namen „Herrenmühle"; ihre Pächter werden als „Herrenmüller", „Fürstlicher Herrenmüller" oder „Hofmüller" bezeichnet. In den Erbzinsregistern von 1630 und 1642 steht, dass das Amt einen Gulden und neun Groschen Erbzins „vom Kupferhammer vorm Georgentor, anjetzo eine Mahlmühle" zu zahlen habe. Von dieser Zeit an ist eine große Zahl von Pächtern und später Eigentümern der Herrenmühle aufzuzählen, wobei noch zu berücksichtigen wäre, dass die Mühle mit ihren verschiedenen Triebwerken auch unterschiedliche Funktionen ausführte.

Da wäre zunächst Andreas Müller zu nennen, der die herrschaftliche Öl- und Lohmühle wohl bis 1683 besaß. Dann haben wir keine Nachrichten bis 1787, als der Verkauf der inzwischen zur „Herrschaftlichen Mahl- und Schneidemühle" gewordenen Anlage an Christian Kaiser erfolgte.

Ob es sich bei Johann Heinrich Kaiser um einen Sohn des Christian handelte; wir können es nur mutmaßen, zumal städtische Dokumente den Namen mal „Kaiser", mal „Keyser" oder „Kayser" schreiben. Er ist jedenfalls von 1807–1859 auf der Mühle belegt.

Aus dem Jahr 1864 existiert nachfolgendes Gesuch des Architekten Anton Vogt. Ob es sich bei dem Müller namens Voigt um eben diesen oder um einen Nachkommen handelt, der fast dreißig Jahre später die Mühle besaß, muss offen bleiben.

1864. [A] Gesuch des Architekt Anton Vogt hier, um Erlaubnis zur Veränderung des Triebwerks in der Herrenmühle hierselbst.[92]

---

92 StaAE 10 C.XIX.W.29

An die Großherzogliche Bezirks-Direction hier
Es ist meine Absicht die mir gehörende Herrenmühle in hiesiger Stadt welche zeither als Mahl- und Schneidemühle bestand, zu gleichen Zwecken reparieren zu lassen bei dieser Gelegenheit die Wassermauer zu erneuern sowie eine Veränderung der Wasserräder und der inneren Einrichtung vorzunehmen.
Zu diesem Vorhaben erlaube ich mir, Großherzogliche Bezirks-Direction um die Genehmigung zu bitten und füge eine hierauf Bezug habende Beschreibung mit Zeichnung in Duplo bei.
Anton Voigt

Beschreibung der bei Reparatur der Herrenmühle vorkommenden Veränderungen.
1. An den Wasserrädern, dem Gerinne.
Zeither bestanden 2 Gerinne wovon das eine eine Breite von 5 Fuß, das andere von 9 Fuß hatte. Jetzt werden 2 Gerinne von gleicher Breite von 7 Fuß angelegt.
In dem Gerinne von 5 Fuß Breite befanden sich 2 Räder hinter einander, wovon das 2te für den Schneidemühlenbetrieb.
Ferner soll die Gerinnesohle hinter den Wasserrädern um 6 Zoll höher gelegt werden ohne jedoch eine Veränderung am Fachbaum zu veranlassen.
Der zeitherige Durchmesser der Räder wird von 12 Fuß auf 16 Fuß erhöht.
Das 2te Gerinne erhält hinter dem ersten Wasserrad eine Ausflussöffnung in das 1te Gerinne um bei Wasserüberfluss als Freigerinne benutzt werden zu können.
2. Für die innere Einrichtung
Die Mehlmühle ist für 3 Gänge mit einer Reinigungsvorrichtung berechnet und gleichzeitig für diese Wasserkraft eine Benutzung des oberen Saales zu einem technischen Zweck als Spinnerei pp projektiert.
Das 2te Rad ist bestimmt eine Schneidmühle zu treiben.
[Ausgefertigt 30. April 1864]
Bereits am 3. Mai landete der Antrag des Besitzers Voigt im Großherzoglichen Staatsministerium des Innern zu Weimar und wurde dort am nächsten Tag verhandelt. Als einzige Auflage wurde die unveränderbare Höhe des Fachbaumes der Mühle festgelegt. Dann wanderte die Akte zurück an den Großherzoglichen Direktor des III. Verwaltungsbezirks nach Eisenach. Hier musste nun die Sache öffentlich bekannt gemacht werden, so geschehen am 14. und am 24. Mai 1864 im Eisenacher Kreis-Blatt.
Unterdessen hatten am 10. Juni die Besitzer der Weißen Mühle, die Herren Eichel und Cramer, Einspruch gegen die Baumaßnahme Voigts eingelegt, da sie befürchteten, dadurch benachteiligt zu werden, denn nur eine geringe Erhöhung des Fachbaums der Herrenmühle würde die Fließgeschwindigkeit der Hörsel verringern und ihre Wasserkraft reduzieren.
Dies dementierte der Großherzogliche Direktor v. Schwendler, der sich auf die geltenden Gesetze berief und die Herren aufforderte, in seinem Geschäftslokal Einsicht in die Pläne zu nehmen. Ihm gleich tat es der Bürgermeister Roese, der auf den Aushang im Gemeindehaus hinwies.

Zunächst mussten jedoch noch die Anlieger ihre Zustimmung erklären und dies taten dann auch die Herren Eichel und Cramer, das Gerber-Handwerk, der Gerber Schmalenberg, der Mühlenbesitzer Krug, die Mühlenbesitzerin Klemm und der hiesige Gemeindevorstand.
Unter dem 28. Juni 1864 veröffentlichte das Großherzogliche Staatsministerium einen Bericht, der zugleich von einer bisher nicht vorhandenen Steigerinne durch die Gerinnewand Kenntnis gab, zu der sich der Eigentümer verpflichtet habe. Unter dieser Bedingung wurde zuächst die Genehmigung zum Umbau erteilt.
Die im Thüringer Museum aufbewahrte lavierte Zeichnung (um 1820) von August Roese vermittelt einen guten Eindruck von der recht großen Anlage. Sie zeigt den ländlichen Charakter dieses Teils unserer Stadt (nahebei die heutigen Straßen „Am Amrichen Rasen", „Plan- und Flurstraße", wahrscheinlich nach dem einstigen Dorf Amera, seinem Anger und seiner Flur benannt); man erkennt sumpfige Wiesen und ausgedehnte Obstrasen und in der Spicke ein beliebtes Ausflugslokal mit Bootsbetrieb auf Hörsel und Mühlgraben. Den Gebäuden der Herrenmühle ist ihr hohes Alter anzusehen. Trotz der regellosen Anlage wirkt das Ganze aber irgendwie harmonisch und romantisch.
So oder ähnlich muss es dort auch noch ausgesehen haben, als der Gerber Schmalenberg hier eines der beiden Gerinne belegte. Dann waren Heinrich Thiel bis 1887, Hermann Friedrich Junge 1890 und ein Müller namens Möller

Die Herrenmühle um 1820. Federzeichnung von August Roese. Sammlung Eilers 0012.[1]

1892 Pächter der Mahlmühle, denen Wilhelm Schellhaase 1894 und Friedrich Emil Wagner 1898 nachfolgten. Im gleichen Jahr wurde die Anschrift der Mühle von Kupferhammer 25 in Herrenmühlstraße 1 geändert.
Zu berücksichtigen wäre bei der Herrenmühle jedoch noch die Teilung von Mahl- und Schneidemühle, während der Gerber Schmalenberg als dritter auf dem Gelände ansässig war.
Nach Voigt übernahmen Heinrich Mattig 1894 und Friedrich Leukert 1896 die Schneidemühle.In ähnlicher Form bestand die Herrenmühle bis 1928. In der Nacht vom 10. zum 11. Mai zerstörte ein Feuer den gewaltigen Fachwerkbau mit den jahrhundertealten Eichenbalken. Einige geborgene Dachziegel sollen die Jahreszahl 1618 getragen haben. Erhalten blieb nur das erst 1921 erbaute Haus des Besitzers an der Herrenmühlenstraße, die Reste der alten Anlage mussten Neubauten weichen. Als Sägewerk Hermann Völker existierte der Betrieb von 1929 bis 1953, dann wurde er volksseigen. Die Produktionsflächen rechts der Straße (zur Hörsel hin) wurden danach von anderen Betrieben genutzt. Mancher erinnert sich noch an die Feldbahn nebst Drehscheibe, die dem Herantransport der Baumstämme über die Herrenmühlenstraße diente.

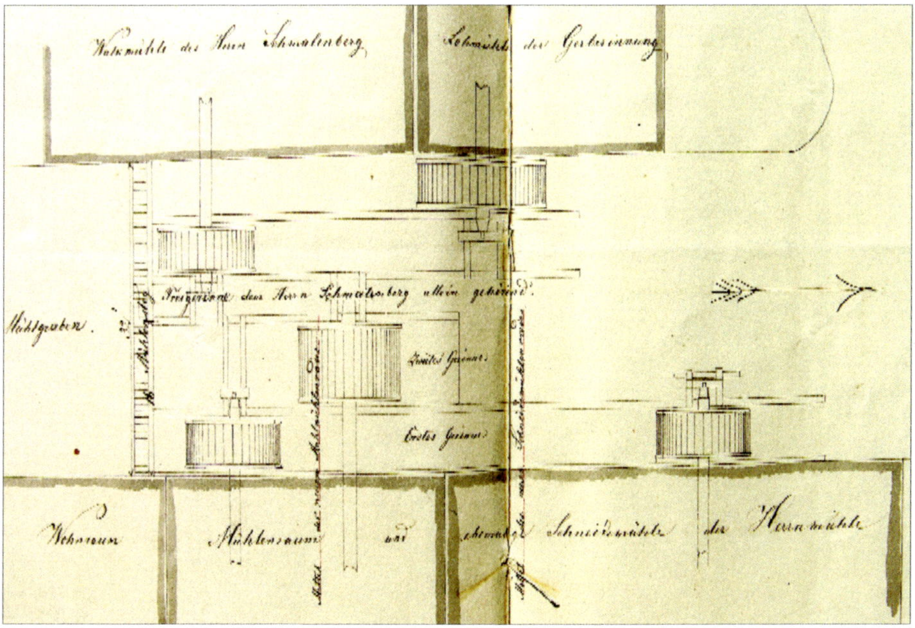

Zustand des Mühlgrabens vor dem Umbau. Die Schmalenbergsche Walkmühle, darunter das Freigerinne des Hern Schmalenberg. Darunter sind zwei Räder der Herrenmühle und deren Schneidmühlengang zu erkennen.

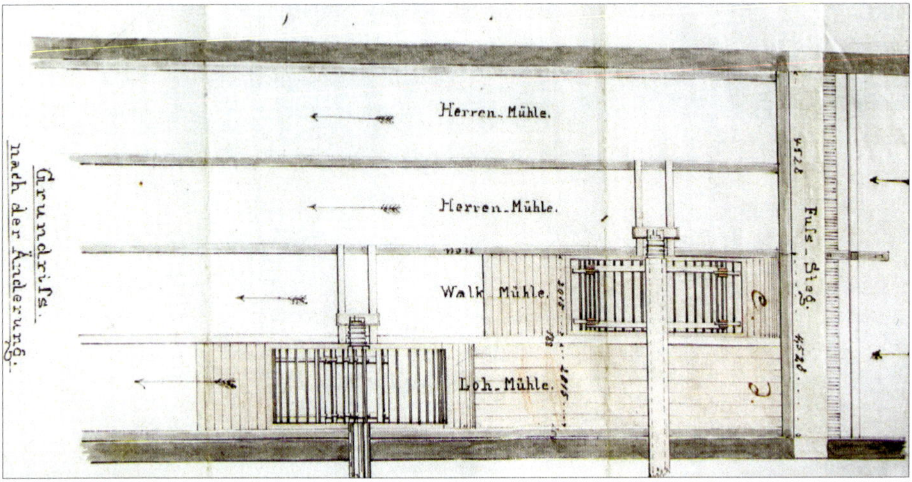

Der Mühlgraben bei der Herrenmühle. Oben sind die beiden Gerinne zu sehen, die zur Herrenmühle führen, darunter die Gerinne der Schmalenbergschen Walkmühle und der Lohmühle der Gerberinnung. (StAE C.XIX.W.29) *Das zuvor existente Freigerinne war verschwunden.*

Der Mühlgraben bei der Herrenmühle. Mitten im Graben ist ein Radhaus zu sehen, welches das Mühlrad gegen äußere Einflüsse schützte. Fotograf unbekannt

Die Lohmühle unter der Herrenmühle

Lohmühlen dienten zur Zerkleinerung der für die Lohgerberei notwendigen pflanzlichen Gerbmittel. Es wurden vor allem Fichten- und Eichenrinden zu Lohe zermahlen. Diese waren sehr gerbsäurehaltig und deshalb geeignet zum Gerben von Leder. Die genannte Lohmühle lag auf dem der Herrenmühle gegenüber liegenden Ufer des Mühlgrabens.

1638. [A] Akten, die fürstl. Lohmühle und die darunter liegende Ölmühle, so ehedem Hans Hotzel besessen.

1671. [A] Die Legung eines Fachbaums zwischen der herrschaftlichen, auch Öl- und Lohmühle. 1600-1779.

1681. [A] Hans Kaisers Witwe gegen Curt Schmoller wegen der Fegeverlosung der Lohmühle.

Was die Klage von Hans Kaisers Witwe, Besitzerin der Lohmühle, 1681 gegen Curt Schmoller erbrachte; wir wissen es nicht. Schmoller taucht lediglich als Pächter der hier genannten Lohmühle auf. Dem verschollenen Schriftstück können wir lediglich noch entnehmen, dass der Ehemann der Besitzerin verstorben war und dass die Mühlgrabenfege verlost wurde; die Regularien dieser wichtigen Maßnahme des Wassermanagements bleiben uns leider verschlossen, denn eine Verlosung konnte auch dazu führen, dass ein Beteiligter mehrfach zu dieser Tätigkeit gezwungen wurde.

1683. [A] Die Verpachtung und der Verkauf der herrschaftlichen Mühle.

1731. [A] Klage des Geh. Rates v. Griesheim gegen den Lohmüller wegen des mangelhaften Grabensteges.

Die Grabenstege waren nicht nur für die Gewährleistung der Funktion der Mühlen von Bedeutung, denn hier wurden zunächst Gegenstände abgefangen, die das Mühlrad beschädigen konnten, was zumeist mit eisernen Gittern bewerkstelligt wurde. Sie waren auch ein geeignetes Mittel, an das gegenüberliegende Ufer zu gelangen, was allgemein genutzt wurde. Deshalb musste der jeweilige Grabensteg gefahrlos zu überqueren sein.

Die Lohmühle war als eine kleine Mühle mit nur einem Rad bekannt. Sie lag an der Kasseler Straße und trug die Haus-Nr. 6. Br Karl Walter ab 1863, Pächter von 1887 bis 1892 Karl Volk. Als Lohmühle der Lohgerber-Zunft unter ihrem Werkmeister Wilhelm Friedrich tat sie, nun unter der Straßenbezeichnung Lohmühlenweg 6, ihren Dienst bis 1906. Ein weiterer Besitzer war seit 1908 Emil Lorenz, der als Holzwollfabrik bis 1920 firmierte. Die Lohmühle arbeitete dann als Firma Lorenz & Asch bis ins Jahr 1928, dann war sie in den Adressbüchern Eisenachs nicht mehr aufzufinden.

Die Walkmühle am Lohmühlenweg

Die kleine Walkmühle, die zunächst unter der Anschrift Kasseler Str. 4, dann unter Lohmühlenweg 4 angesiedelt war, spielte erst spät ihre bescheidene Rolle. Unter ihrem Eigentümer Friedrich Steinmetz wurde sie erstmals 1887 erwähnt; später firmierte sie unter Grünbaum & Kleemann, Walkmühle, Dampf-Sägewerk und Möbelfabrik bis 1931. Zu nah war wohl das große Sägewerk des Herrn Völker in der Herrenmühle gelegen, um sie in ihrer Existenz zu erhalten.

Harseims Mühle an der Kasseler Straße

Die Mühle, von der wohl kein Stein mehr auf dem anderen liegt, muss sich auf der linken Seite der Kasseler Straße, noch vor der Adam-Opel-Straße, und der Tankstelle am Mühlgraben befunden haben. Die Mühle der Familie Harseim mit der Hausnummer 59, wurde 1908 von Adolf Harseim, von 1931 bis 1947 von Berta Harseim geführt.

Bachmannsche Ölmühle gegenüber der Rasenmühle

Die Öl- und Walkmühle befand sich kurz vor der Einmündung des Roten Baches in den Mühlgraben auf dessen linkem Ufer. Sie besaß nur ein Rad, mit dem auch eine Walkmühle angetrieben wurde. Die Nachrichten über diese Mühle sind sehr rar. Wir wissen nur von einem Müller namens O. Bachmann, der 1828 ein Grundstück am Roten Bach kaufte.

Unter dem 9. September 1829 erließ die Polizei-Kommission eine weitere Strafandrohung, um sich der Verwahrlosung des Mühlgrabens besser erwehren zu können. Zu den Adressaten gehörte auch die Bachmannsche Mühle.

Rasenmühle bei der Spicke

Die Rasenmühle, auch Eselsmühle genannt, war am rechten Mühlgrabenufer gelegen. Sie existierte bereits im Jahr 1590 unter ihrem Besitzer Heinz Salomon. Ihre Nennung hatte jedoch den traurigen Beigeschmack ihres Untergangs, denn sie brannte damals ab. Wann sie wieder aufgebaut wurde wissen wir nicht, haben aber aus dem Jahr 1672 eine Nachricht darüber, dass sie einen Lohgang erhielt.

1739 wurde dem damaligen Rasenmüller Hans Adam Zimmermann wegen unerlaubter Stauung des Wassers eine Strafe zudiktiert, die jedoch wieder erlassen wurde.

Als 1817 wieder einmal eine Vermessung des Mühlgrabens durchgeführt wurde, ergab sich bei der Rasenmühle eine Grabenbreite von 37 Schuh, was heute etwa 9,25 m wären. Jedenfalls wäre das damals für eine wirtschaftliche Nutzung nicht ausreichend gewesen.

Folgende Begebenheit, die sich zur Zufriedenheit der Beteiligten regeln ließ, spielte sich ein Jahr zuvor ab:

US-Spionageflug am 25.8.1944, Bildflug-Nr. 194410, Bild-Nr.2008. © GDI-Th.

1854. [A] Anzeige der Ehefrau des Schuhmachermeisters Ansgar Weyrich gegen den Müller Justinus Bachmann wegen der Lieferung verunreinigten Mehles.[93]
Nachdem der Müller sich zunächst geweigert hatte zur Vernehmung zu erscheinen, wurden Kläger und Beklagter erneut vorgeladen. Bei diesem Termin erbot sich Bachmann, die 10 ungenießbaren Brote zurück zu nehmen und der Klägerin zwei Metzen gut gemahlenes Kornmehl als Entschädigung zu geben.
Justinus Bachmann verkaufte die Mühle 1855 an Karl Klemm. Noch bevor der neue Besitzer der Rasenmühle seinen Antrag auf die Erteilung einer Konzession zur Anlegung einer Schneidemühle im gleichen Jahr abgeben konnte, formierte sich bereits der Widerstand dreier Eisenacher Schneidemüller, die befürchteten, dass sie nicht mehr genügend Arbeit für ihre Mühlen erhalten würden, die nur teilweise ausgelastet wären. Und so ging der Antrag seinen Weg durch alle behördlichen Instanzen des Großherzogtums, ehe er im Mai 1857 genehmigt wurde[94]. Er füllte eine ganze Akte und endete mit der Bitte des Müllers um Stundung des Sportelbetrages, da er sich finanziell überhoben hatte. Und der

[93] StAE 10 C.XIX.W.18, f. 25

[94] StAE 10 C.XIX.W.6, f. 99

Rasenmühle ohne Jahr. Foto Klemm, Sammlung Lutz Harseim

Rasenmühle ohne Jahr. Foto Klemm, Sammlung Lutz Harseim

Rasenmühle ohne Jahr. Foto Klemm, Sammlung Lutz Harseim

Die Rasenmühle, heutiger Westplatz 4, am 09. Mai 2022.
Luftbild mit Flug- und Bildnummer: 202214 32591_5648. © GDI-Th.

Müller hieß nun seit 1863 nicht mehr Karl sondern Christian Klemm,[95] vielleicht der Sohn des zuvor Genannten. 1887, die Rasenmühle wurde nun unter der Anschrift Kasseler Straße 13 geführt, übernahm Johannes Bommer die Schneidemühle und behielt sie über 4 Jahre. Dann ging sie wieder an die Familie Klemm zurück, die nun als Gebrüder Klemm bis 1893 firmierten. Dann verblieb die Mühle bis 1929 bei Max Klemm und weitere 3 Jahre bei Ernst Klemm. Hedwig Klemm führte die Mühle noch bis 1936 auf dem Westplatz 4. 1936 wurde die Rasenmühle gemeinsam mit der Spickenmühle von der Stadt Eisenach angekauft. Dann hören wir nichts mehr von ihr. Heute befindet sich das Grundstück in Privathand.

Waltherische, Kaiserische Spicken- und Pabstische Öl- und Walkmühle

Am 3. Juli 1672 erschienen die Herren Conrad Schmoller, Marcus Juncker, Valtin Koch, Philipp Rößler und Hans Rist, alle Bürger und Lohgerber, auf dem Eisenacher Amt und brachten vor, dass Hans Kaiser auf dem Rasen [gemeint ist wahrscheinlich der Amrige Rasen] in seiner Ölmühle einen Gang für eine Lohmühle anlegen wolle. Da seine Mühle zwei Mahlgänge besäße, von denen er einen zum Herstellen von Loh umbauen möchte, würde er der fürstlichen Kornschreiberei, der er jährlich 5 Malter Korn entrichtete, 2 ½ Malter Korn entziehen, was sie hiermit anzeigen möchten. Zudem gäbe es für die bestehenden Lohmühlen bei niedrigem Wasserstand im Sommer und zugefrorenem Wassergraben im Winter ohnehin nicht genug zu tun. Leider lässt sich der Vorgang nicht weiter verfolgen, da das Dokument hier abbricht.

Im Jahr 1771 geriet die Mühle unter ihrem neuen Eigentümer Johann Georg Bohl wieder in den Fokus der Stadtverwaltung. Dieser war das Lehngeld für Mühle und Garten schuldig geblieben.

1776. [A] DIE BESICHTIGUNG UND REGULIERUNG DES KANALS BEI DER SPICKENMÜHLE. Der Wasserlauf hatte wiederholt zu Klagen Anlass gegeben, so wohl auch 1776, als hier eine Besichtigung stattfand, die dem Zufrieren der Hörsel Einhalt gebieten sollte. Dies belegt auch der Vorgang aus dem Jahr 1822, der im späteren Verlauf hier eingeschoben wurde, da man in dem „Wilden Graben hinter der Spicke“ den Grund für das Zufrieren der Hörsel sah.

1781 steckte wohl Georg Wilhelm Thon, der Besitzer der Spickenmühle, in Geldschwierigkeiten, da eine verschollene Akte des Stadtgerichtes zu Eisenach ein Verfahren wegen dessen Pachtgelderrückstands und nicht beglichener Mühlenreparaturkosten anstrengte. 1798 schien er sich finanziell wieder erholt zu haben, denn er suchte um Anlegung eines Ölmahlganges nach.

---

[95] StaAE 10. C.XIX.W.31

1793. [A] Conrad und Adolph Pabst gegen den Spickenmüller wegen der Fischerei.

1799. [A] Spickenmüller Thon gegen Christian Müller zu Förtha wegen des Flachstammes [Fachbaum].

Da der Vorgang nicht mehr existiert, können wir nicht sagen wie er ausging, ebensowenig wie sein Streit mit Christian Müller zu Förtha wegen des Flachstammes [Fachbaum]. Ich kann nur annehmen, dass sich der Spickenmüller einen Fachbaum von dem Förthaer Christian Müller hatte liefern und einbauen lassen, der nicht seinen Anforderungen entsprach und er deshalb vor Gericht zog.

Im gleichen Jahr erhoben Conrad und Adolph Pabst gegen Thon wegen eines unberechtigt angelegten Graupenmahlganges Anklage.

1813 wurde die Spickenmühle, die damals schon Gaststätte war, durch abziehende Franzosen ausgeraubt und geplündert.

Für das Jahr 1829 können wir für die Spickenmühle den Müller Friedrich Matthes namhaft machen, dem die Mühle bis 1833 gehörte.

1834 besaßen Adam Krug und die Gebrüder Ehrhardt die Spickenmühle gemeinsam. Ab 1859 gehörte sie dann Eduard Krug, ab 1863 Ferdinand Krug, wahrscheinlich Sohn Adam Krugs, wieder allein. Unter der Anschrift Kasseler Str. 15 wurde die Spickenmühle 1887 von Gustav Berghaus übernommen, der bis 1890 hier verortet war, ehe sie 1892 von Adolf Harseim gepachtet wurde.

Um 1910 muss das Foto des Restaurants Spicke entstanden sein, auf dem gerade eine Lieferung der Bäckerei Ernst Lorenz eingetroffen war. Die Mühle war längst Geschichte. Der Fotograf ist leider nicht bekannt.[1]

Der betrieb die Spickenmühle bis 1908. Dann übernahm wahrscheinlich dessen Witwe Berta das Geschäft an der Spicke, dessen Anschrift sich 1929 in Kasseler Straße 59 änderte und führte es bis 1947 fort.

1822. [A] Das Aufeisen der Mühlgräben und die deshalb getroffenen Anordnungen.[96]

Am 20. Dezember 1822 ließ die Großherzogliche Stadt-Polizei-Direktion einen Umlauf in den städtischen Mühlen durch einen Gendarmen herumgehen, um die Müller an ihre Pflicht zu erinnern, die Mühlgräben eisfrei zu halten und das Eis aus diesen zu entfernen. Dabei fielen die beiden Spickenmüller und der Müller Matthes besonders auf, die gegenüber dem Gendarmen erklärten, dass sie nicht der Polizei rechenschaftspflichtig seien, sondern dem Stadtrat. So wurde am 22. Dezember der Zimmermann Johann Christian Bartholomeus beauftragt, die Überwachung des Mühlgrabens zu übernehmen und bei Gefahr den für den Mühlgrabenabschnitt verantwortlichen Müller sofort anzuzeigen.

Nach Meinung des neu ernannten Mühlgraben-Überwachers war die Ursache des Zufrierens der wilde Graben hinter der Spicke, der ja eigentlich nur das letzte Stück des roten Baches vor seiner Einmündung in die Hörsel war. Hier, am so genannten Schindanger, soll das Zufrieren des Mühlgrabens begonnen haben. Von hier aus bis zur Weißen Mühle hinauf sollte der Mühlgraben in einer Breite von etwa 2 m vom Eise befreit werden. Die Arbeit begann und wurde am nächsten Tag, dem 10. Januar 1823 fortgesetzt. Am nächsten Tag aber, als die beiden über Nacht am Ort verbliebenen städtischen Angestellten nach Hause geschickt worden waren, erschien niemand mehr außer dem Müller Bachmann. Nun bekam Bartholomeus noch eine polizeiliche Hilfskraft zugeteilt. Nach Wiederaufnahme der Arbeiten war am Abend des 12. Januar der Mühlgraben vom Spickengarten bis zu Bachmanns Ölmühle vom Eise befreit worden. Aber von der Spickenecke bis an den Gries hinab hatte sich das Eis wieder festgesetzt. Am nächsten Tag erstattete der Faktor der Ölmühle des Herrn Eichel Anzeige gegen den Mahlmüller der Untermühle, weil dieser mit einem Vorsatzbrett vor seinem Gerinne das Wasser so gestaut hatte, dass eine Überschwemmung drohte. Gerinne und Räder waren über Nacht eingefroren.

Eine erste Abrechnung der Kosten des Aufeisens folgte mit der Aufschlüsselung auf die einzelnen Mühlen. Die Stadt-Polizei-Kommission hatte nun die Aufgabe, die einzelnen von den Müllern zu entrichtenden Beträge beizutreiben. Das war für den Burgmüller Ehrhardt und 3 weitere Mühlenbesitzer am Nadeltor Veranlassung, gegen die Forderung der Polizei zu protestieren und auf ihre gezahlten Vorschüsse bei der Stadtkasse hinzuweisen. Gegen die Verrechnung der Kosten mit den gezahlten Vorschüssen hätten sie nichts einzuwenden. Da aber offensichtlich die Polizei-Kommission nicht der richtige Adressat für wei-

---

[96] StaAE 10 C.XIX.W.13

tere Proteste war, folgte nun ein Schreiben an den Stadtrat, das möglichst viele Probleme der Müller auf die Allgemeinheit abzuwälzen gedachte. Unterzeichner waren der Müller Bernhard Ehrhardt, Friedrich Saeltzer, Johannes Bohl und Barbara Kehr. Unter dem 21. Februar 1826 endlich hatten die Fa. Eichel und Pfennig, der Herrenmüller Kaiser, der Müller Matthes und der Ölmüller Kaiser ihre Beiträge entrichtet, die anderen Müller stellten weiter ihre Verbindlichkeit, den Mühlgraben zu enteisen, in Abrede. Die Großherzogliche Landes-Direktion erteilte daraufhin am 18. März 1826 der Stadtverwaltung die Weisung, den Mühlgraben unterhalb der Spickenmühle bis zu seiner Normalbreite und -tiefe zu erweitern.
Am 5. Januar hatte der Polizist Lorenz in Erfahrung gebracht, dass die Müller der Neuen Mühle sowie der Pulvermühle fremde Früchte in ihren Mühlen verarbeiteten, ohne dass die hiesige Obrigkeit davon in Kenntnis gesetzt worden war. Dazu muss man wissen, dass die Ein- sowie die Ausfuhr von Getreide in das Großherzogtum bei Strafe verboten war. Getreide war knapp und daher wertvoll, war doch die Bevölkerung eines ganzen Landes davon abhängig, dass genügend Brotgetreide über das ganze Jahr hinweg zur Verfügung stand.
So wurde also der Gendarm Döpel ausgesandt, die beiden Müller vorzuladen. Es erschien zunächst der Pulvermüller Walther und erklärte, dass in seiner Mühle noch kein Ausländer den hiesigen Kunden vorgezogen worden wäre. Die Meldepflicht und das generelle Verbot erwähnte er nicht.
Der darauf erschienene Wilhelm Justinus Vogt, Müller der Neuen Mühle, gab zu Protokoll, dass er bisher noch nie für einen Fremden gemahlen habe. Wie die Sache ausging, erfährt man leider nicht, da der Vorgang nicht in der vorliegenden Akte fortgeführt wurde.[97]

Ziegelsrasenmühle

1672. Die Ziegelsrasenmühle und der daran gebaute neue Lohgang.
Ansonsten gibt es über die kleine Mühle keine weiteren Nachrichten.

[97] StaAE 10 C.XIX.W.13 f. 14 f.

Die Wasserläufe und ihre Eigentümer

1854. [A] Die Eigentums-Verhältnisse an den Flüssen und Mühlgraben im Gemeindebezirk.[98]

Am Beginn der Akte richtete die Großherzogliche Steuerrevision bereits 1851 Fragen zu einigen im Grundsteuerkataster fehlenden Eigentümern an das Großherzogliche Stadtgericht. Inzwischen war jedoch der Eisenbahnbau für eine Vielzahl von Eigentümerwechseln auf und entlang der neuen Bahnlinie verantwortlich geworden.

Die Thüringer Bahn wurde 1846 von Halle bis Weimar, 1847 über Erfurt und Gotha bis Eisenach und schließlich 1849 von Eisenach über Gerstungen bis Bebra eröffnet. Bei der Gründung der Thüringischen Eisenbahn-Gesellschaft in Erfurt 1844 waren von Anfang an das Königreich Preußen, das Großherzogtum Sachsen-Weimar-Eisenach und das Herzogtum Sachsen-Gotha beteiligt. Wegen der großen Bedeutung der thüringischen Bahnstrecken bemühte sich der Staat Preußen um den Erwerb, übernahm Betriebsführung und Verwaltung zum 1. Januar 1882 und wurde am 1. Juli 1886 Eigentümer.

Ab 1858 entstand zusätzlich die Werra-Eisenbahn-Gesellschaft, die den Südthüringer Raum erschloss. Beginn der Bahnlinie war die Stadt Eisenach.

Für unsere Arbeit von Bedeutung waren jedoch lediglich die Streckenteile der Eisenbahn, die zur Erbauung von Brückenbauten über die Gewässer führten oder diese flankierten. Deshalb sollten sie erwähnt bleiben. Jedenfalls hinterließ der Eisenbahnbau auch in unserer Akte eine Spur immenser Verwaltungstätig-

Lage und Gegenstand des Grundbesitzes	Grundbesitzer	Anteil
Mühlgraben vor dem Georgentor vom ehemaligen Herrenmühlsteg an bis an die Spickenbrücke	Herrenmüller Heinrich Kaiser Walkmüller Christian Friedrich Schmalenberg Rotgerberhandwerk	1/2 1/4 1/4
Mühlgraben vor dem Georgentor von oberhalb der Herrenmühl- und Walkmühlgebäude an bis an den ehemaligen Herrenmühlsteg		
Mühlgraben vor dem Georgentor vom Stege oberhalb der weißen Mühle an bis an die Herrenmühl- und Walkmühlengebäude	Walter von Eichel	
Mühlgraben vor dem Georgentor vom Stege oberhalb der grünen Mühle bis an den Steg oberhalb der weißen Mühle	Müller Johann Georg Kaiser Dorothea Katharina Walther Müller Johann Christian Kaiser	1/3 1/3 1/3

[98] StAE 10 C.XIX.W.16

keit, denn alle Grundstücksüberschreibungen und -überlassungen mussten dokumentiert und festgehalten werden.

Mühlgraben in der Fischerstadt von der Nadeltorbrücke an bis an die grüne Mühle	Bäckermeister Adolph Kaiser Mühlenbesitzer Christoph Ferdinand Reinemann	1/2 1/2
Mühlgraben vor dem Nadeltor von oberhalb des Burgmühlengartens bis zur Nadeltorbrücke	Friedrich v. Eichel-Streiber	
Mühlgraben vor dem Nadeltor, von der Kasernenbrücke an bis oberhalb des Burgmühlengartens	Herrenmüller Heinrich Kaiser Walkmüller Christian Friedrich Schmalenberg Lohgerberhandwerk Walter v. Eichel Müller Johann Georg Kaiser Dorothea Katharina Walther Müller Johann Christian Kaiser Bäckermeister Adolph Maurer Mühlenbesitzer Christoph Ferdinand Reinemann Friedrich v. Eichel-Streiber	jeweils 1/10
Mühlgraben von oberhalb des Weidnerschen Gartens hinter dem Schwan an bis an die Kasernenbrücke	dieselben gemeinschaftlich	
Hörsellauf-Strecke von Fischbach bis zur langen Brücke (Lindenhof) [diesseits]	Großherzoglicher Staats-Fiskus	1/1
Hörselfluss vor dem Nikolaitor	nicht übereignet	
Hörselfluss	nicht übereignet	
Mühlgraben unter der Papiermühle	nicht übereignet	
Hörselfluss von der Fischbacher Brücke bis an die Nesse	nicht übereignet	
Bach, die Siechenlache	nicht übereignet	
Nessefluss, oberhalb des großen Wehres	nicht übereignet	

Nessefluss, unterhalb des großen Wehres bis an den Grabensteg	nicht übereignet	
Nessefluss in der unteren großen Mühlaue	nicht übereignet	
Bach, die Lache, hinter der Clemda	nicht übereignet	
Hörselfluss, vom Grabensteg bis an die Stedtfelder Grenze	nicht übereignet	
Grimmelbach	Stadtgemeinde	
Bach bei der Erholung	Stadtgemeinde	
Löbersbach	Stadtgemeinde	
Hörselfluss hinter Fischbach	Stadtgemeinde	
Hörselfluss an der Fischbacher Chaussee bis zur langen Brücke	Stadtgemeinde	
Mühlgraben vor dem Georgentor, vom ehemaligen Herrenmühlsteg bis an die Spickenmühle	Walkmüller Christian Wilhelm Schmalenberg Lohgerberhandwerk	1/2 1/2
Mühlgraben vor dem Georgentor von oberhalb der Herrenmühle und Walkmühlengebäude an bis an den ehemaligen Herrenmühlsteg	gemeinschaftlich	
Mühlgraben vor dem Georgentor, von dem Stege oberhalb der weißen Mühle an bis an die Herrenmühl- und Walkmühlgebäude	Walter von Eichel	
Mühlgraben vor dem Georgentor, vom Steg oberhalb der grünen Mühle an bis an den Steg oberhalb der weißen Mühle	Dorothea Katharina Walther	
Mühlgraben in der Fischerstadt, von der Nadeltorbrücke an bis an die grüne Mühle	Bäckermeister Adolph Maurer Mühlenbesitzer Christoph Ferdinand Reineman	1/2 1/2
Mühlgraben vor dem Nadeltor von oberhalb des Burgmühlgartens an bis an die Nadeltorbrücke	Friedrich von Eichel-Streiber	
Mühlgraben im Palmental	Johann Friedrich, Johann Justin und Konrad Walther	

Mühlgraben vor dem Nadeltor, von der Kasernenbrücke an bis oberhalb des Burgmühlgartens	Walkmüller Christian Wilhelm Schmalenberg Lohgerber-Handwerk Walter v. Eichel Friedrich v. Eichel-Streiber Bäckermeister Adolph Maurer Mühlenbesitzer Christoph Ferdinand Reineman gemeinschaftlich	
Mühlgraben von oberhalb des Weidnerschen Gartens hinter dem Schwan an bis an die Kasernenbrücke	dieselben	
Mühlgraben, vom großen Wehr im Grabental an bis oberhalb des Weidnerschen Gartens hinter dem Schwan	dieselben	
Wehranlage im Grabental, zum Mühlgraben gehörig	dieselben	
Mühlwasser bei der Spickenmühle	Mühlenbesitzer Adam Krug	
Fischwasser bei der Spicke	Frau Majorin Mathilde Asmus	
Mühlgraben an der neuen Mühle	Neumüller Wilhelm Vogt	
Bach, am Felsenkeller	Die Brauhofbesitzer	
Hörselfluss bis zur Nesse	Thüringische Eisenbahn-Gesellschaft	
Siechenlache bei St. Clemens	Thüringische Eisenbahn-Gesellschaft	
Lache hinter der Clemda	Thüringische Eisenbahn-Gesellschaft	
Hörselfluss, von der Nikolaitorbrücke bis an die Eisenbahnbrücke	Stadtgemeinde	
Hörselfluss, von der Rothenhofer Flurgrenze bis an die Stadt	Stadtgemeinde	
Hörselfluss, von der Fischbacher Chaussee rechts bis an die lange Brücke	Stadtgemeinde	

Siechenlache	Bereits als zur Thür. Eisenbahn-Gesellschaft gehörig genannt, nun der Stadtgemeinde zugeschlagen	
Neuer Mühlgraben nördlich der Bahn, hinter dem Schwan	Thüringische Eisenbahn-Gesellschaft	
Neuer Mühlgraben, bei der Herrenmühle, südlich und nördlich der Bahn	Thüringische Eisenbahn-Gesellschaft	
Neuer Mühlgraben, südlich der Bahn, hinter dem Schwan	Werra-Eisenbahn-Gesellschaft	
Neuer Mühlgraben, hinter der Herrenmühle, südlich der Werrabahn	Werra-Eisenbahn-Gesellschaft	
Neues Lachenbett vor dem Nikolaitor, südlich der Werrabahn	Werra-Eisenbahn-Gesellschaft	
Mühlgraben vor dem Georgentor, von dem Steg oberhalb der weißen Mühle an bis an die Herrenmühl- und Walkmühlgebäude	Handlung Eichel und Cramer	
Mühlgraben vor dem Nadeltor, von oberhalb des Burgmühlgartens bis an die Nadeltorbrücke	Handlung Eichel und Cramer	
Mühlgraben an der neuen Mühle	Mühlenbesitzer Anton Berlet	
Mühlgraben im Palmental	Mühlenbesitzer Albert Hof	
Mühlgraben vor dem Georgentor, vom Steg oberhalb der grauen Mühle bis an den Weg oberhalb der weißen Mühle	Andreas Bachmann	

Sich später ändernde Besitzverhältnisse habe ich nicht berücksichtigt, weil die Flurstücke unter ihren ehemaligen Besitzern bereits erwähnt wurden und ich Mehrfachnennungen vermeiden wollte.

Noch einmal, im Jahr 1908, sollten jedoch die Grundstücke entlang der Eisenbahnlinie im Bereich zwischen Räuberloch und der Unterführung an der beginnenden Langensalzaer Straße ins Interesse von Eisenbahnfikus und heimischer Industrie gelangen. Die Stadt hatte die Wichtigkeit der Erweiterung und der damit verbundenen Vergrößerung des Güterbahnhofs erkannt und setzte nun alle Hebel in Bewegung, den Forderungen von Industrie und Eisenbahn nachzukommen. Dem stand aber der Hörselmühlgraben im Wege, der nun zugefüllt werden musste, um den Erweiterungsbauten Raum zu geben. Die Einwendungen der Triebwerksbesitzer wurden als unbegründet zurückgewiesen. Nachdem nun die Mühlenbesitzer beim Landgreicht Eisenach eine einstweilige Verfügung erwirkt hatten, die Stadt und Eisenbahnfiskus bei einer Strafe von 50.000 Mark untersagten, den Mühlgraben zuzuschütten, setzte der Gemeinderat die Beschlussfassung über den Vertrag mit dem Eisenbahnfiskus aus und beschloss, die nötigen Schritte zur Aufhebung dieser Verfügung zu erwirken. Städtischerseits war man der Ansicht, dass die Mühlenbesitzer durch ihre erlangte Verfügung eine schwere Verantwortung übernommen hätten und sie für den Schaden, der der Stadt aus dieser Verfügung erwachsen könnte, haftbar gemacht werden sollen.

Fakt war jedoch, dass die Genehmigung zum Verfüllen des Mühlgrabens endlich doch erteilt wurde und der Güterbahnhof ausgebaut werden konnte. Industrie, Stadt und Eisenbahnfiskus konnten aufatmen. Der Beschluss sollte sich für Eisenachs Industrie durch die bessere Anbindung an das Schienennetz positiv auswirken. Während ein paar Mühlenbesitzer auf der Strecke blieben, expandierte der Eisenacher Güterbahnhof stark. Es wurden zahlreiche Güterbodenarbeiter und Lademeister benötigt, die die Waren von der Güterabfertigung zu den einzelnen Güterwagen transportierten, die zu Güterzügen zusammengestellt wurden und Eisenach dann mit hier hergestellten Waren verließen, um an die Kunden in ganz Europa geliefert zu werden.

Das Personal des Eisenacher Güterbahnhofs im Jahr 1920. Dabei war kaum ein Jahr nach dem Großbrand vergangen, der mit Schießereien und dem Einsatz des Märkerschen Panzerzuges der Reichswehr endete. Fotograf unbekannt.

Auf dem Weg zwischen Palmentalwehr und Einmündung des Mühlgrabens in die Hörsel – Länge 3,2 km

Luftbild zeigt hinter dem Zusammenfluß von Nesse und Hörsel „Am Wehr", welches den Abzweig zum Mühlgraben darstellt. Dahinter die Brücke der Karolinenstraße. Luftbild aufgenommen von Harald Rockstuhl am 01. Juli 2014.

Palmentalwehr. Foto: Bernd Siedentopf, 24.3.2016

Palmentalwehr wurde vom Planungsbüro Ingenieurbüro Prowa GmbH im Auftrag des Thüringer Landesanstalt für Umwelt und Geologie von Oktober 2008 bis August 2010 saniert. Neubau Wassertechnische Ausrüstung mit 3 Doppelschützen mit Bedienungssteg sowie Neubau eines Fischpasses mit Setzen von Steinriegeln aus Natursteinquadern. Fotos: Bernd Siedentopf, 24.3.2016

Mühlgraben. Zwischen Wehr und Brücke Karolinenstraße.

Mühlgraben. Brücke Karolinenstraße. Fotos: Bernd Siedentopf, 24.3.2016

Mühlgraben. Blick von der Brücke Stolzestraße an der Fischweide.

Mühlgraben. Blick von der Fischweide zum Bahndamm und dem dortigen Unterführung des Mühlgrabens. Fotos: Bernd Siedentopf, 24.3.2016

Der Mühlgraben kommt auf der anderen Seite des Bahndammes an der Uferstraße wieder zum Vorschein.

Mühlgraben Uferstraße. Fotos: Bernd Siedentopf, 24.3.2016

Mühlgraben Uferstraße.

Mühlgraben Uferstraße. Fotos: Bernd Siedentopf, 24.3.2016

Brücke Clemdastraße.

Blick von der Brücke Clemdastraße. Fotos: Bernd Siedentopf, 24.3.2016

Mühlgraben. Suezkanal Richtung Hörsel.

Mühlgraben. Suezkanal heute Einlauf in die Hörsel.
Fotos: Bernd Siedentopf, 24.3.2016

Mühlgraben. Höhe Hotel Logotel.

Mühlgraben. Brücke Syngogenstraße. Fotos: Bernd Siedentopf, 22.3.2016

Mühlgraben. Blick von der Brücke in der Werneburgstraße.

An der Brücke Werneburgstraße, die ehemalige Verkaufsstelle der Oelmühle.

Mühlgraben. Heute Jakob-Schule – ehemals Standort der Oelmühle.
Fotos: Bernd Siedentopf, 22.3.2016

Mühlgraben. Blick von der Brücke Hospitalstraße in der Fischerstadt.

Mühlgraben. Blick von der Brücke der August-Bebel-Straße in der Fischerstadt.
Fotos: Bernd Siedentopf, 22.3.2016

Mühlgraben – Blick von der Brücke der August-Bebel-Straße in der Fischerstadt.

Mühlgraben – Richtung ehemals der Spinnerei am Bleichrasen.
Fotos: Bernd Siedentopf, 22.3.2016

Mühlgraben – Spinnerei am Bleichrasen.

Mühlgraben – Vorm Kreisel Bleichrasen und Bahndamm.
Fotos: Bernd Siedentopf, 22.3.2016

Mühlgraben – am Durchfluß Bahndamm.

Mühlgraben – parallel zur Herrenmühlenstraße. Fotos: Bernd Siedentopf, 22.3.2016

Blick von der Brücke der Kasseler Straße.

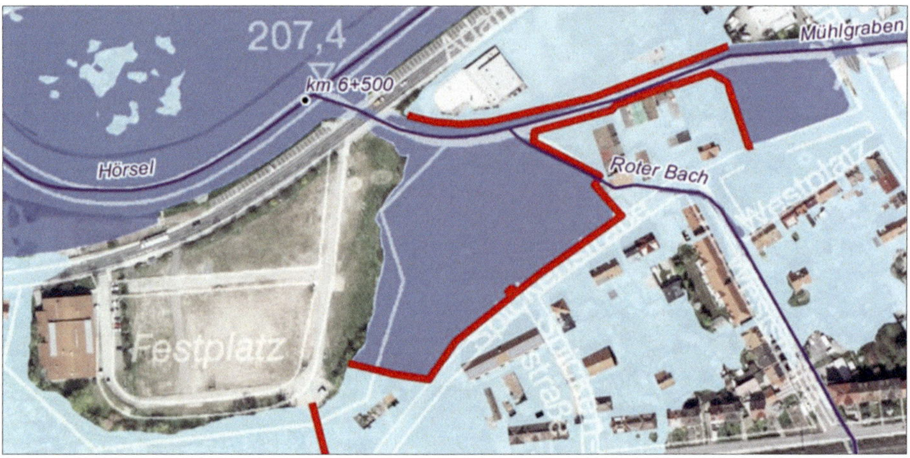

Rote Linie = geplanter Neubau einer Hochwasserschutzanlage. Die Trasse der HWS-Anlage besteht aus 7 Bauteilen mit einer Gesamtlänge von 723 m und liegt als Geländemodellierung zwischen der Spickenstraße und der Straße Rennbahn.
Quelle: Thüringer Landesamt für Umwelt, Bergbau und Naturschutz (TLUBN)
https://hws-eisenach.de/vorhaben/bauabschnitt-spicke-mk-2-1/ (Stand 1.5.2023)

Links die ehemalige Klemmmühle und rechts die Harseimsche Mühle mit der im Bau befindleichen Hochwasserschutzanlage. Foto: Bernd Siedentopf, 22.3.2016

Hinter dem Wehr mit Blick auf die Hörsel.

Der Mühlgraben fließt nun in die Hörsel. Fotos: Bernd Siedentopf, 22.3.2016

Macht Biertrinken die Müller reich?

Im Frühjahr 1761 richtete der Eisenacher Stadtrat eine Anfrage an die Ober-Vormundschaftliche Regierung in Weimar, die eine Erhöhung des Lohnes für das Schroten des Malzes betraf. Diese wurde auf Geheiß der Herzogin Anna Amalia mit der Begründung abgelehnt, dass die Bierherstellung stark angestiegen sei und dies durch die damit verbundene zusätzliche Abmetze den Müllern zusätzliche Einnahmen brächte.[99]

Das Schroten des Malzes für die Bierherstellung war tatsächlich damals eine der Haupteinnahmequellen der Müller, denn Einfach-Bier galt als Nahrungsmittel, auch wenn wir uns unter Einfach-Bier kein Bier vorstellen dürfen, was heute dieser Bezeichnung gerecht werden könnte. Neben dem Einfach-Bier, dem Kofent, der durch die Nachnutzung der Maische anfiel und der Trunk der einfachen Leute war, gab es noch ein Doppel-Bier sowie als Eisenacher Besonderheit den „Breihan", ein Weißbier.

Somit bleibt festzustellen, dass der Biergenuss lediglich dem Hofstaat Anna Amalias einigen Gewinn brachte. Die Müller und die Brauer gingen leer aus.

1826. [A] Das Gesuch der hiesigen Müller um Verwilligung der Kleie-Abmetze.[100]

Am 11. Februar 1826 richteten die Müller Heinrich Kaiser, Wilhelm Vogt, Justinus Walther, Bernhard Ehrhardt, Anna Barbara Kehr, Johann Gottfried Heyse, Bernhard Arnold, Elisabetha Faber, Johann Georg Reinemann und Andreas Reinemann ein Gesuch an die Großherzogliche Landes-Direktion, um die gesetzlich festgelegte Abmetze [2 Metzen und 2 Metzen Kleie von jedem Malter Getreide] für die Eisenacher Müller günstiger zu gestalten. Dazu führten sie hohe Transportkosten für Mühlsteine, Nutzholz sowie allgemein gestiegene Preise an. Allein, das fünfseitige Schreiben wurde abschlägig beschieden.

Werbeschild der Petersberger Brauerei Schuchard-Erbslöh, Eisenach um 1880. Albert Erbslöh,† 1912 – Erbslöh-Archiv, Familienverband Julius Erbslöh, Wuppertal.
https://de.wikipedia.org/wiki/Brauerei_Eisenach#/media/Datei:000016-Petersberger_Brauerei_Werbeschild.jpg

---

99 StAE 10 C.XIX.W.3, f. 49 ff.

100 StAE 10 C.XIX.W.5

Die Mühlen in den eingemeindeten Dörfern

Berterodaer Mühle

Eine zum Berterodaer Gut gehörige Wassermühle soll bis ungefähr zum Jahr 1900 existiert haben. Von ihr ist nichts mehr erhalten. Ihre Wasserversorgung könnte nur durch den ehemaligen Dorfteich, genannt Schafteich, am östlichen Ortsrand erfolgt sein, der durch den Bach Böber gespeist wurde, aber ebenfalls nicht mehr existiert. Da die Abmessungen des Teiches nicht bekannt sind, kann auch keine Aussage zu den Betriebszeiten der Mühle gemacht werden. Sicherlich konnte sie mit einer Teichfüllung nur eine sehr begrenzte Zeit mahlen.

Hörselmühle Hörschel

1705 beantragte der Müller Curd Häuser zu Hörschel die Gewährung von Erleichterungen für den Neuaufbau seiner Mühle. Es muss also bereits vorher eine solche existiert haben. Gleichzeitig beschwerte er sich über die Verweigerung der Abmetze oder des Schroterlohns von einigen Untertanen. Bereits 1702 war Häuser bei der Eisenacher Rentkammer von einem Mitbürger namens Storch wegen Einkünften, die er durch das Übersetzen über die Werra erzielt hatte, angezeigt worden. Die Reaktion der Rentkammer bleibt im Dunkeln.[101]

1707 wird in einem Inventar des Amtes Wartburg eine Fürstensteinmühle erwähnt. Ob sie an der Stelle der späteren Hörselmühle stand und ob sie mit der in Madelungen ansässigen Familie der Diede zum Fürstenstein in Verbindung zu bringen ist; ist bislang ungeklärt. Fakt ist jedoch, dass in Madelungen keine Mühle existierte. Dies bestätigt ein Bericht des Diedeschen Gerichts vom 10. August 1741 an das Hochfürstliche Amt zu Eisenach, in dem es heißt: „ . . . berichte ich hiermit gehorsamst, dass in dem hiesigen Diedeschen Gerichte keine Mühlen vorhanden sind, sondern die Mahlfrüchte nach Eißenach, Krauthausen oder Untersuhl . . . gebracht werden müssen . . .“[102]

1754 verweigerte der Müller Peter Gimmlein die Zahlung des Lehngeldes für den Kauf der Hörscheler Fürstensteinmühle.

Ein Jahr später wurde die Sache bereinigt; nun musste Gimmlein 5 % Lehngeld erlegen, da er bisher nur 2 % gezahlt hatte.[103]

In der Nacht vom 30. zum 31. Juli 1862 wurde die Hörscheler Müllerfamilie nach einem Wolkenbruch aus dem Schlaf gerissen, da der Fluss [die Hörsel] so stark angeschwollen war, dass das Wasser durch die Fenster strömte. Die Familie konnte mit knapper Not ihr Leben retten. Auch das neue Mühlenwehr wurde vernichtet.

---

[101] Hauptstaatsarchiv Weimar, Signatur 6-12-4021

[102] Wasserzeichensammlung K. Büttner, Bl. 594.

[103] Hauptstaatsarchiv Weimar, Signatur 6-12-4021

Stauwerk der Hörscheler Hörselmühle um 1934.[1]

Turbineneinlauf der Hörscheler Hörselmühle 1934.[1]

Maschinenhalle Wasserkraftwerk Hörschel 1952.
Alle Sammlung Manfred Kaiser, Ortschronist Hörschel

Philipp Tischer, ein späterer Besitzer der Hörselmühle, verkaufte seine Mühle im Mai des Jahres 1900 an den Großherzoglich landschaftlichen Fiskus in Weimar.

1918 erwarb der Elektrizitätswerksbesitzer Hermann Kohlrausch aus Eisenach die Hörselmühle zu Hörschel vom Weimarer Staatsministerium, um sie zu einer elektrischen Kraftversorgungsanlage einzurichten. Gegen das Vorhaben erhob der Bezirksdirektor in Eisenach im Auftrag des Finanzministeriums als gesetzliche Vertretung des Staats- und Kammerfiskus Einspruch. Damals geisterte noch die Idee der Schiffbarmachung der Werra durch die Amtsstuben, die Teil des geplanten Weser-Main-Kanals war.

Auch Stedtfelds größter Grundbesitzer, A. v. Boyneburgk, sorgte sich um die mögliche Überflutung seines Grundstückes „Unter dem Frankenstein". Stedtfelds Mühlenbauer und -besitzer Oswald Kamm erhob ebenfalls Einspruch gegen den Wiederaufbau des Hörselwehres: „Seit

Hörselmühle auf einem US-Spionagebild vom 24.3.1945 mit Bildflug-Nr. 194592 und Bild-Nr. 4121. © GDI-Th.

Die Hörscheler Hörselmühle um 1952.[1]
Sammlung Manfred Kaiser, Ortschronist Hörschel

Stauwerk der Hörscheler Hörselmühle um 1960. Diapositiv, Autor unbekannt. Die Wasserkraftwerke in Stockhausen, Hörschel und Georgenthal wurden Anfang der 60er Jahre stillgelegt. Sammlung Manfred Kaiser, Ortschronist Hörschel

Jahren mehren sich die Hochwasserepidemien in den Stedtfelder Fluren und der Unterlandstraße des Ortes Stedtfeld. Der Grund liegt in der Hörselregulierung durch die Stadt Eisenach . . . Im übrigen verweise ich auf den Bericht des Verwaltungsgesetzgebungsausschusses des weimarischen Landtages, Protokoll vom 25.2.1897 über die Petition des Müllers Tischer in Hörschel." Fünfzehn weitere Stedtfelder und fünf Hörscheler Petenten schlossen sich an. Nachdem diese, was auch schriftlich festgehalten wurde, von ihren Bedenken Abstand genommen hatten, wurde die Genehmigung zum Bau der elektrischen Kraftversorgungsanlage in Hörschel erteilt. Den Auftrag dazu erhielt die Firma W. Rothe & Söhne in Farnroda. Im September 1920 erteilte der Bezirksdirektor dem Elektrizitätswerksbesitzer Kohlrausch die Erlaubnis zum Einbau einer Francisturbine aus den USA, die ab Oktober 1920 ihren Probelauf absolviert hatte. Im August 1921 war die Anlage fertiggestellt und harrte ihrer technischen Abnahme. Noch bis 1926 wurden kleinere Verbesserungen eingebaut, wie beispielsweise ein schmiedeeiserner Rechen vor der Turbine. Dann waren die Arbeiten am Kraftwerk des Hermann Kohlrausch abgeschlossen, das bis 1964 arbeitete. Von hier aus wurde ab 1921 auch das Dorf Neuenhof mit Strom versorgt.

Nach 1961 wurde das Grundstück von den Grenztruppen der DDR genutzt, die hier ihre „Diensthunde mit Oberleitung", also der Hunde, die mit Laufleine zur Grenzsicherung eingesetzt wurden, untergebracht hatten. Während dieser Zeit wurde auch der Mühlgraben verfüllt.

Die Neuenhofer Mühle [104]

Am Grundbach und am Bornwiesenteich bei Neuenhof arbeitete 1740 eine Schmelzhütte; es ist zu vermuten, dass die Aufarbeitung (Zerkleinerung) des dort verhütteten Kupfererzes ebenfalls dort stattfand. Damals geschah dies zumeist mit dem deutschen Geschirr, das aus mehreren Holzstempeln mit Eisenkappen bestand, die durch eine Nockenwelle angehoben und fallengelassen wurden und so das Erz zerkleinerte. Auch diese Nockenwellen wurden durch Wasserkraft angetrieben.

Der Neuenhöfer Grundbach hatte mit seinem normalen Wasseraufkommen gute Voraussetzungen für die Versorgung der beiden Mühlen im Siedlungsbereich des Ortes Neuenhof. Es bestand sogar die Möglichkeit, die Antriebsmaschinen der Kupferschmelzhütte zu versorgen. Natürlich war das Wasserangebot entsprechend der Jahreszeit sehr differenziert. Es kam in manchen Jahren infolge langer Trockenperioden oder langanhaltender starker Fröste zu empfindlichen

Das Foto entstand um 1900 mit dem Müller Jakob Ackermann und seiner Frau Anna Elisabeth neben dem Mühlrad.

---

104 Gekürzt nach Kurt Leischner und Rainer Marschall: Die Mühle von Neuenhof. In: Heimatblätter ’93 des Eisenacher Landes. EP-Report 4. Hsg. Paul-Josef Raue, Redaktion Karlheinz Büttner. Eisenacher Presse 1994, S. 25–29.

Um 1926 entand dieses Bild der Neuenhofer Mühle.
Foto: Fritz Rollberg.[1]

Stillstandszeiten der Mühlen, was zu einem regelrechten Anspruchskampf um das Wasser führte. Das sogenannte Wasserrecht bestimmte daher über die Verfügungsgewalt des Wassers. Dieses Recht übte bis zur allgemeinen Ablösung des Wasserantriebs durch die Elektroenergie der Müller der Neuenhöfer Mühle aus. Auch der Bachzulauf aus dem Stedtfelder Gebiet derer von Boyneburgk, der „Fallende Bach“, unterstand dem Recht des Müllers. Dieser sorgte für einen ungehinderten Ablauf des Wassers und beseitigte Hindernisse. Im Gegensatz zu früher führt der Bach heute weitaus weniger Wasser. Ein Grund dafür ist die Nutzung der Quelle seit Mitte der siebziger Jahre zu Trinkwasserzwecken für den Clausberg. In trockenen Jahren (z. B. 1976, 1991) wurde der Bach zu einem ärmlichen Rinnsal.
Für eine kontinuierliche Arbeit der Mühle war eine geordnete Wasserspeicherung unerlässlich. An den Mühlenstandorten waren Teiche vorgeschottet. So waren der Grundteich und der Bornwiesenteich Wasserspeicher der Schmelzhütte. Der heute noch vorhandene, jedoch trocken liegende Mühlteich „Hinter der Mühle“ versorgte die Ackermannsche Dorfmühle. Einstmals floss der Bach, von der Kaiserwiese kommend, durch den Semmsgraben unter dem Kühleich zur Werra. Die Wasserzuführung zum Mühlteich, der direkt über dem

Die Neuenhofer Mühle um 1936. Foto: Fritz Rollberg.[1]

Wasserrad gelegen war, erforderte einen neuen Bachverlauf. Der Bach wurde an den oberen Rand des Tales verlegt. Zirka 200 Meter vor dem Teich, am Beginn des Mühlengrundstückes, war ein Schütz angebracht, der das Wasser wahlweise in den Teich oder in das alte Tal leitete.

Durch ein gewaltiges Gewitter im Jahre 1918 entstand ein großes Erosionstal. Dadurch musste die Wasserführung neu gestaltet werden. Um das Wasser in den Mühlteich zu leiten, wurde eine etwa 12 Meter lange Holzrinne gebaut, die auf drei Masten bis zu 4 Meter hoch das Tal überspannte. Die Holzbohlen (am besten eignete sich Kiefernholz) waren mit einem Teeranstrich abgedichtet. Da das Holz der Verwitterung unterliegt, war etwa alle 25 bis 30 Jahre eine Erneuerung der Holzkonstruktion nötig. Bei der ersten Erneuerung der Rinne 1935 wurden die Holzmasten durch Gittermasten aus Stahl ersetzt, die auf Betonfundamenten ruhten. Der letzte Rinnenbelag wurde 1961 durch die Zimmerleute Hermann und Alfred Regensburger erneuert. Die beiden Brückenköpfe waren als Bruchsteinmauer ausgeführt, später jedoch mit Beton verfestigt worden. 1987 wurden beide Brückenköpfe erneuert bzw. gründlich instandgesetzt. Im Teich wurde das für den Mühlenbetrieb nötige Wasser gesammelt und nach Bedarf an die Verbraucher abgegeben. Eine Teichfüllung erlaubte etwa eine Betriebszeit von 6 Stunden, dann musste die Mühle pausieren. Da das Wasser des „Fallenden Baches“ auf seinem Weg durch Rotliegendes und Sandstein sehr viel Sand mitführte, der sich schnell im Teich ablagerte, musste der

Teich, sollte er seine Fallmenge beibehalten, in größeren Abständen vom Schwemmsand befreit werden. Dies geschah letztmalig im Jahre 1963.
Die Anlegung des Kunstgrabens hinter der Mühle könnte um 1844 zusammen mit der Anlage der „Hungerborn"-Wasserleitung zur Versorgung der Neuenhöfer Brauerei erfolgt sein. Ein Erinnerungsstein an der Einmündung „Hinter der Mühle" zur Eisenacher Gasse mit der Jahreszahl 1844 lässt diese Vermutung zu.
In Neuenhof war ein oberschlächtiges Wasserrad die ursprüngliche und lange Zeit genutzte Antriebsweise für den Grundbaum. Das Wasser lief über eine Holzrinne in die Kammern des Rades und trieb es durch Gewichtsverschiebung an. Nachdem es seine Arbeit geleistet hatte, lief es unten aus. Musste das Mühlrad stillgelegt werden, so wurde das Wasser mit einem schwenkbaren Einlaufstutzen an dem Rad vorbeigeleitet. Danach lief das Wasser über die Straße zur Werra. Der Übergang des Baches über die Straße hieß „Kühleich". Er teilte das Dorf in zwei Siedlungshälften. Erst 1831 wurde durch den Grundbesitzer und Gerichtsherrn von Neuenhof, Riedesel zu Eisenbach, auf eigene Kosten die Straße durch Neuenhof mit dem steinernen Bachübergang am Kühleich fertiggestellt.
Das Mühlrad war mit dem Grundbaum, einer langen Holzwelle, die aus einem Baumstamm gefertigt war, verbunden und übertrug so die Drehbewegung. Am anderen Ende des Grundbaumes befand sich das Kammrad, ein Kegelradgetriebe mit Holzzähnen (Kämmen), mit dem die Bewegung aus der Horizontalen in die Vertikale der Antriebswelle des Schrotganges zugeleitet wurde. Direkt über diesem Getriebe war der Schrotgang angeordnet, bestehend aus zwei Mühlsteinen. Sie waren aus hartem Sandstein gefertigt, hatten ca. 1 Meter Durchmesser und waren mit schräg von innen nach außen verlaufenden Rillen versehen. Diese Rillen sorgten für einen genau vorgegebenen Weg des Getreides und eine gute Qualität des Mehls. Je nach dem Härtegrad der Steine und der Betriebsdauer mussten die Rillen der Mühlsteine nachbearbeitet werden. Die Rillen wurden mit Spitzhämmern wieder vertieft und die dazwischenliegenden Flächen mit Kraushämmern aufgerauht. Dabei musste auch dafür gesorgt werden, dass die Arbeitsflächen der Mühlsteine genau plan waren, da der Arbeitsspalt, in dem die Körner zerrieben werden, kleiner als 1 Millimeter ist. Der untere Stein war waagerecht gelagert und fest eingebaut. Der obere Stein [Läufer] wurde durch die Drehbewegung des Mühlrades bewegt.
Neben den Mühlsteinen selbst wurden noch Transporteinrichtungen für das Getreide bzw. das Mehl über den Grundbaum angetrieben. Diese Förderer hießen Elevatoren. Sie bestanden aus Flachriemen aus Leder oder Gewebe, an denen im Abstand von ca. 40 Zentimetern Becher befestigt waren und über lederne Flachriemen angetrieben wurden. Mit Hilfe dieser Elevatoren wurde das Getreide, das ebenerdig in einen Trichter geschüttet wurde, bis auf den Mühlenboden hinauf transportiert, von wo es in den Vorratstrichter des Schrotganges fiel. Am unteren Ende des Vorratstrichters befand sich eine Rüttelplatte,

Mühlrad kurz vor dem Abriß 1935.

Das Auslaufrad des Teiches zum ehemaligen Mührad, unterirdisch sind die Rohre zur Turbine verlegt.

Antrieb und Lagerung des Mühlsteines; rechts das Kammrad mit Holzzähnen, links der Hebel der Höhenverstellung.

Der Elevatorantrieb auf dem Mühlboden; rechts der Zulauf zum Schrotgang (Körner), links das Absackrohr (Schrot).

Fotos aus „Die Mühle von Neuenhof' von Kurt Leischner und Rainer Marschall: In: Heimatblätter '93 des Eisenacher Landes. EP-Report 4. Hsg. Paul-Josef Raue, Redaktion Karlheinz Büttner. Eisenacher Presse 1994, S. 25–29.

mit der ein gleichmäßiger Einlauf des Getreides zwischen die Mühlsteine erreicht wurde.
Durch ein ca. 40 Zentimeter großes Loch in der Mitte des oberen Mühlsteins fiel das Getreide zwischen die Steine und wurde zerrieben und durch die Fliehkraft des sich relativ schnell (etwa 60 U/min) drehenden oberen Mühlsteins gleichzeitig von innen nach außen transportiert. Danach fiel das Mehl in einen zweiten Elevator und wurde noch einmal nach oben transportiert, von wo aus es über Holzrohre entweder als Futterschrot direkt in die Säcke gelangte, die an eine Absackvorrichtung angehängt waren oder über Sichter (Siebeinrichtungen) in Kleie (Getreideschalen als Viehfutter) und Mehl mit verschiedenen Qualitäten getrennt wurde.
Die Geschichte der Neuenhöfer Mühle begann etwa Anfang des 18. Jahrhunderts. Das Fachwerkhaus mit den Andreaskreuzen an der Hofseite und dem „Wilden Mann“ an der nördlichen Giebelseite wurde vermutlich Ende des 16. bzw. Anfang des 17. Jahrhunderts erbaut. Seit dieser Zeit war der Bauernhof immer in Familienbesitz. Anfang des 18. Jahrhunderts (1700–1720) tauchte erstmals der Name Ackermann auf. Der erste namentlich bekannte Urahn, der sich aus den im Neuenhöfer Kirchenarchiv befindlichen Büchern ermitteln lässt, war Johannes Ackermann, geboren um 1795, gestorben um 1865, von Beruf Müller und Landwirt. Ob er die Mühle erbaute oder von einem Vorfahren übernahm, ist unbekannt.
Als nächster Müller wohnte und arbeitete dessen Sohn Johannes Ackermann, geboren 22.9.1829, gestorben 10.11.1889, auf dem Grundstück. Von Beruf war er Müller und Landwirt und hatte das Amt des Bürgermeisters und Kirchenvorstandes inne.
Jakob Wilhelm Ackermann, geboren 11.5.1859, gestorben 18.8.1938, führte das Handwerk seiner Vorfahren weiter. Während seiner Tätigkeit wurde die bereits erwähnte Rinne über den Graben gebaut. Eine weitere grundlegende Neuerung war der Einbau eines Dieselmotors zur Unterstützung der Wasserkraft. Er befand sich in einem heute als Lager genutzten Nebenraum hinter der Mühle.
Im Jahre 1925 übernahm Berthold Ackermann, geboren 5.4.1895, gestorben 10.1.1964, die Mühle. Unter seiner Regie wurden tiefgreifende technische Änderungen vorgenommen. In den Jahren 1927/1928 baute die Fa. Oertmann aus Thal (Kreis Eisenach) einen Walzenstuhl zur Mehlherstellung sowie eine Schälmaschine ein. Im Jahr 1936 zerbrach das baufällige Mühlrad und musste abgerissen werden. An seine Stelle wurde ein Anbau gesetzt, der seit 1938 eine Wasserturbine beherbergt; sie wurde durch eine Kasseler Firma eingebaut. Die Wasserzuführung zur Turbine erfolgte seitdem durch unterirdisch verlegte Rohre vom Mühlteich aus, der auch weiterhin als Wasserspeicher diente. Die Francis-Turbine hatte eine Leistung von 8 PS und war bei ausreichender Wasserzufuhr allein in der Lage, die Mühle anzutreiben.

Gesamtansicht des Schrotganges; in der runden Holzverkleidung befinden sich die Mühlsteine.

Der Einschütttrichter und die Absackvorrichtung; rechts mit Fenster der Elevatoren; hinter dem Gitter befand sich früher die Antriebswelle des Dieselmotors.

Der Elevatorantrieb geöffnet; erkennbar Gewebegurt mit Bechern; die Lederriemen dienen als Spannvorrichtung für die Gurte.

Fotos aus „Die Mühle von Neuenhof" von Kurt Leischner und Rainer Marschall: In: Heimatblätter '93 des Eisenacher Landes. EP-Report 4. Hsg. Paul-Josef Raue, Redaktion Karlheinz Büttner. Eisenacher Presse 1994, S. 25–29.

Kurz darauf wurde noch ein Elektromotor neben die Turbine gesetzt, der den Dieselmotor ablöste.
Die schnell laufende Turbine stellte gegenüber dem sich langsam drehenden Wasserrad ein völlig neues Antriebsprinzip dar und erforderte somit auch eine neue Kraftübertragung. Die Kraftübertragung erfolgte nun mittels Flachriemen aus Leder. Im Mühlenkeller wurde zur Übertragung der Antriebsenergie ein Stirnradgetriebe und eine 6 Meter lange Transmissionswelle eingebaut. An deren einem Ende befindet sich, das Kammrad ersetzend, ein Kegelradgetriebe, das den Mühlstein antreibt. Das auf der Transmissionswelle befindliche Zahnrad aus Gusseisen besitzt Holzzähne, die als Sollbruchstelle dienen, falls der Mühlstein durch einen Stein o. ä. plötzlich stehenbleiben sollte, was glücklicherweise noch nie eintrat. Weiterhin wurde die Lagerung der Mühlsteine erneuert. Der obere, sich drehende Mühlstein erhielt eine neue kardanische Aufhängung, die den relativ schnell angetriebenen Stein immer genau horizontal ausrichtete. Mit Hilfe einer Kurbel und eines Hebels konnte der Mühlstein während des Betriebes gehoben und gesenkt werden, um den Arbeitsspalt von etwa 1 Millimeter zwischen den Mühlsteinen einzustellen.
1954 wurde ein zweiter Walzenstuhl eingebaut. Mit der raschen Industrialisierung der großen Mühlenbetriebe konnte der kleine Handwerksbetrieb nicht mithalten. So wurde 1963 die Mehlherstellung aufgegeben und nur noch Futterschrot für die landwirtschaftlichen Betriebe in den umliegenden Orten hergestellt. Wegen der schweren Krankheit Berthold Ackermanns übernahm dessen Tochter Lissi Marschall, geb. Ackermann, geboren 7.5.1931, das Mühlen-Geschäft. Auch sie hatte das Müllerhandwerk gelernt und 1954 ihren Meisterbrief erhalten. Sie übte das Handwerk bis 1975 aus. In jenem Jahre wurde die neue Stallanlage der LPG in Betrieb genommen, die komplett mit Mischfutter versorgt wurde. Die Kapazität der Mühle hätte ohnehin nicht zur Versorgung der Anlage ausgereicht. Seitdem wurde nur noch einmal pro Woche oder nach Bedarf Futterschrot hergestellt.

Die alte Bachanlage durch den Semmsgraben; rechts der Kunstgraben.

Der Mühlgraben mit dem alten Bachlauf entlang des Zaunes.

Fotos aus „Die Mühle von Neuenhof“ von Kurt Leischner und Rainer Marschall: In: Heimatblätter ’93 des Eisenacher Landes. EP-Report 4. Hsg. Paul-Josef Raue, Redaktion Karlheinz Büttner. Eisenacher Presse 1994, S. 25–29.

Der Kunstgraben.

Die Holzrinne mit den Eisenpfeilern.

Fotos aus „Die Mühle von Neuenhof" von Kurt Leischner und Rainer Marschall: In: Heimatblätter '93 des Eisenacher Landes. EP-Report 4. Hsg. Paul-Josef Raue, Redaktion Karlheinz Büttner. Eisenacher Presse 1994, S. 25–29.

Bockwindmühle Neukirchen

Aus dem Jahre 1604 liegt ein Pachtvertrag zwischen Hans Ludwig von Harstall zu Creuzburg und Andreas Mentzen in Waldkappel über eine Mühle bei Neukirchen vor[105]. Ihr erster bekannter Pächter war also Andreas Mentzen, der Besitzer zweifellos das Glied der begüterten Familie von Harstall. Ob es sich dabei um die Neukirchener Bockwindmühle handelte, die am südlichen Ortsausgang auf freier Fläche in Richtung Landstreit stand, kann nicht beantwortet werden. An ihren ehemaligen Standort erinnert heute noch die Straßenbezeichnung „Windmühlenweg".

Sie war eine Getreidemühle, wovon ein noch erhaltener Mahl- und ein Läuferstein zeugten, die noch 1980 auf dem Grundstück lagerten. Weiterhin erhalten war im Besitz der Familie Ortmann, deren Vorfahren die Mühle betrieben hatten, ein etwa 3 m langes Flügelholz aus Eiche mit einem Querschnitt von 20 X 18 cm.

An einem Morgen des Jahres 1922 gegen 4 Uhr brannte die Mühle völlig ab. Ursache des Brandes war ein heiß gelaufenes Lager. Der schwerhörige Müller hatte dies nicht bemerkt.

Zu ihrer Zeit war die Mühle ein Wahrzeichen des Ortes, noch zu Beginn der 30er Jahre führte Neukirchen einen Sonderstempel mit der Abbildung der Mühle, vielleicht auch in der Hoffnung, dass dieses Wahrzeichen neu errichtet werden möge.

Das Mühlenhaus (Kasten) wurde um ein aus schweren Eichenbalken gebautes Gestell (den Bock), das leider durch Gebüsch etwas verdeckt ist, gegen den Wind gedreht. Dazu diente der rechts aus dem Kasten herausragende lange Balken (Schiebebaum oder Sterz). Um die Mühle immer vor den Wind drehen zu können, wurde eine Winde benutzt, die hinter Pflöcke gehakt wurde, die im großen Kreis um die Mühle eingerammt waren.

Wenn die Mühle in der richtigen Stellung stand, wurde der Sterz auf ein Stützgestell (den Schrick) aufgelegt, auf dem dessen äußeres Ende befestigt wurde.

Der auf dem Foto sichtbare seitliche kleine Anbau war die Müllerstube (Feise o. Feiste). Die Neukirchener Bockwindmühle besaß allerdings eine Besonderheit. Der am Kasten befestigte und schräg auf den Boden führende Balken, der ebenfalls auf der gegenüberliegenden Seite angebracht war, ist ein sogenanntes Krühwerk. Dies fand sonst nur bei Holländermühlen, einem anderen Windmühlentyp, bei dem das Mühlenhaus massiv erbaut war und nur der obere Teil, meist von einer Galerie begrenzt, drehbar war, Verwendung. Hier hatte das Krühwerk die Funktion des Sterzes.

Bei der Neukirchener Mühle hatte das Krühwerk sicher nur die Stabilisierung der Mühle vor dem Wind zu bewirken. Das Flügelkreuz, bestehend aus kreuzweise gestellten langen Balken (Haus- und Feldrute) später aus 4 Flügelspitzen

---

105 Hauptstaatsarchiv Weimar, Archivalien-Signatur 87

Die Neukirchener Bockwindmühle. Sammlung Walter Mähler, Ortschronist Neukirchen

Die Neukirchener Bockwindmühle. Im Hintergrund ist das Wohnhaus mit Stall und Scheune zu sehen, davor den Müller Adam Ortmann mit seiner Familie. Repro: Heiko Kleinschmidt.[1]

an einem Bruststück befestigt, wurde mit dem Türenzeug (auswechselbaren Windbrettern) je nach Windstärke bedeckt.

Die Windmüller benutzten die Ruten dazu, Anteilnahme an den Festen des Dorfes zum Ausdruck zu bringen.

Bei Geburten und Hochzeiten, aber ebenso bei Gewitter stand die Mühle in der Schere, d. h. in einem schräg gestellten, so genannten Andreaskreuz oder der Feierabend- oder Trauerschere (lotrecht gestelltem Kreuz) wie auf dem Bild sichtbar.

Die Wetterfahne war „C. W. 1843" gezeichnet. Ob dies auf einen früheren Besitzer oder den Baumeister (Mühlendoktor) deutet ist nicht bekannt. Wenn wir davon ausgehen, dass 1843 das Jahr der Erbauung war, hatte die Mühle fast 80 Jahre ihren Dienst getan.

Bei einem gewissen Abnutzungsgrad der Mühlsteine mussten die eingearbeiteten Rillen, die den Transport des Mahlgutes zwischen den Steinen hervor bewirkten, nachgemeißelt werden. Das geschah mit einem Mühleisen, wie wir es aus dem Stadtwappen von Mühlhausen kennen.

Um die Mühlsteine bearbeiten zu können, mussten Mahl- und Läuferstein mit dem Steinkran aus dem Mühlenhaus gehoben werden.

Hörselmühle Stedtfeld

Die Stedtfelder Mühle war wahrscheinlich seit ihrer Erbauung im v. Boyneburgschen Besitz, ich vermute zu Beginn des 16. Jahrhundert. Sie besaß einen Mahl-, einen Öl- und einen Schneidemühlengang. Aus dieser Zeit könnte auch das inzwischen abgerissene Gebäude am östlichen Ende der Anlage gestammt haben.

Der Winter 1767 war besonders hart. Es kam zu Wassermangel, da die Brunnen eingefroren waren. Das Antriebswasser für die Mühle war zu gering, so dass laut fürstlichem Befehl mit dem wenigen Wasser nur geschrotet werden durfte. Am 1. Februar endete die Frostperiode; es regnete, das Eis der Hörsel brach auf und es drohte eine Überschwemmung. Die Gemeinde baute einen Schutzdamm an der Hörsel. Unter der Mühle bildete sich ein gewaltiger Eisstau, bei dem das Mühlenwehr vernichtet wurde. Auf der Hörsel trieben Bohlen, Hausrat, ganze Hausteile und stauten sich vor der Brücke. Am Abend brach endlich die Eisbarriere auf und das Wasser lief ab.

1774 setzte eine große Teuerung ein, der Preis für eine Metze Korn stieg auf 23 gute Groschen und für eine Metze Gerste auf 16 gute Groschen.

1843 besaß Stedtfeld 1 Mahl- und 1 Gipsmühle.[106]

Stedtfelder Mühle um 1880. Lutz Harseim erhielt diese Zeichnung von Elisabeth Kaspar (geb. Komm), als diese in der Stedtfelder Mühle wohnte. Die Zeichnung wurde dem Stedtfelder Ortschonisten Otto Münch anlässlich seines 80. Geburtstages am 6.5.2018 für die Übernahme in die Ortschronik von Lutz Harseim überreicht .

---

[106] Staatshandbuch für das Großherzogtum Sachsen-Weimar-Eisenach 1843

Zwischen den Unterzeichneten, dem Kammerherm Friedrich August Carl von Boyneburgk, dem Kammerherrn Carl Friedrich von Boyneburgk und des verstorbenen Landwirts Wilhelm Traugott von Boyneburgk nachgelassenen Söhnen und Lehnserben Max, Georg und Ludwig von Boyneburgk, als Inhaber der hiesigen Lehn- und Rittergüter, an einem, und dem Bäckermeister Christian Harseim zu Eisenach, als Eigentümer und Besitzer der im hiesigen Orte gelegenen Mahl-, Oel- und Schneidmühle, am andere Theile, ist folgender Ablösungsvertrag wohlbedächtig verabhandelt und abgeschlossen worden:

§1

Der Bäckermeister Christian Harseim zu Eisenach zahlt zur Ablösung der auf die gedachte Mühle desselben haftende Lehnswarenpflichtigkeit und des alljährlich zu entrichtenden Erbzinses einem Huhn, ein halbes Schock Eier und einen Hahn, den Gesamtbetrag von 57 Thalern und zwar

49 Thaler für die Lehngeldpflichtigkeit

2 Thaler 15 Groschen für ein Huhn a 3 Silbergroschen 9 Pfennig

4 Thaler 5 Groschen für ein halb Schock Eier a 6 Silbergroschen 3 Pfennig

1 Thaler 10 Silbergroschen für ein Hahn a 2 Silbergroschen.

innerhalb einer Woche von heute an, an die oben genannten Herren von Boyneburgk hier.

§2

Dagegen wird von den Unterzeichneten, obengenannten von Boyneburgkschen Lehns- und Erbzinsherren die gedachte Mühle, sowie deren und gegenwärtig und künftigen Besitzer derselben, von der Verbindlichkeit zur Entrichtung der Lehnsware bei irgendeiner Art der Veräußerung der Mühle unter Lebenden, oder nach dem Todesfall und von der dinglichen Verpflichtung des oben erwähnten Erbzinses hiermit ein für allemal freigegeben und enthoben, so daß diese Mühle von jetzt an für völlig freies Eigentum erklärt wird.
Zu Urkund dessen haben alle beiden Theile sich eigenhändig unterschrieben.

Stedtfeld den 21. Mai 1850

Carl Friedrich von Boyneburgk
Friedrich August Cari von Boyneburgk
Hajo von Boyneburgk
Georg von Boyneburgk
Ludwig von Boyneburgk
Chr. Harseim

Die Summe von Siebenundfünfzig Thalern schreibe 57 Thaler unter heutigem Datum richtig ausgezahlt erhalten zu haben bescheiniget und quittiert hiermit
Carl Friedrich von Boyneburgk

Siehe vorherige Seite

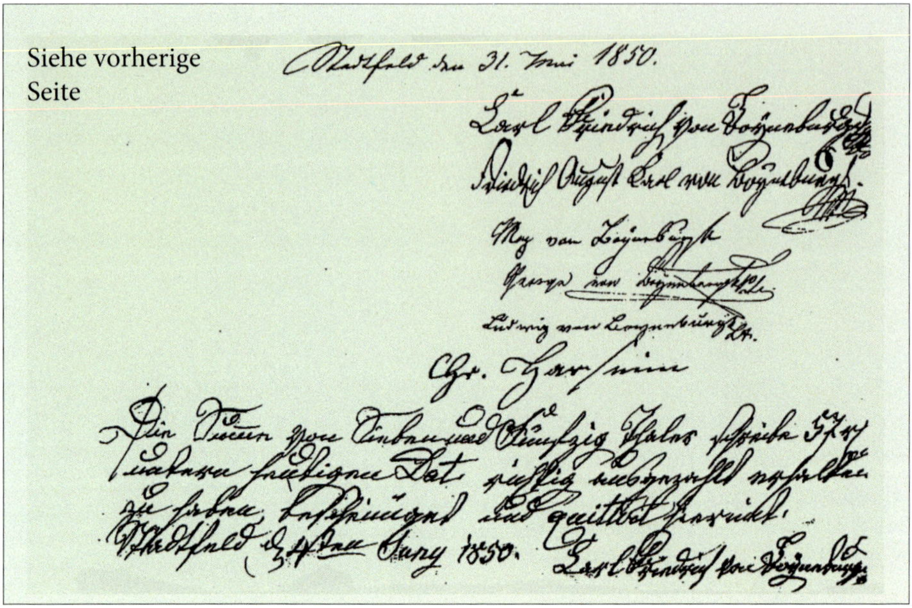

Stedtfeld den 31. Mai 1850.

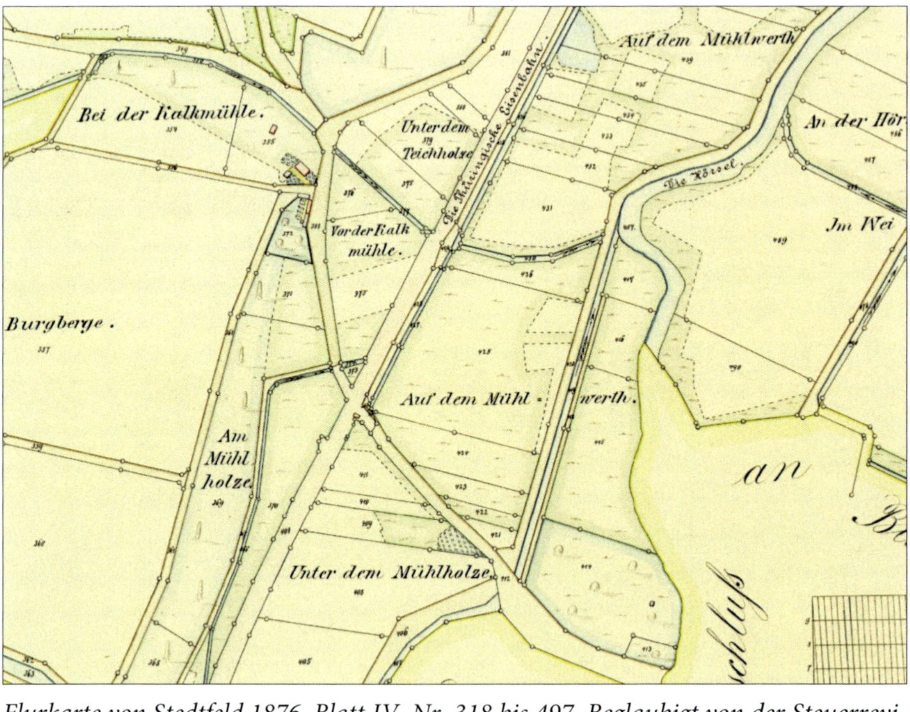

Flurkarte von Stedtfeld 1876, Blatt IV, Nr. 318 bis 497, Beglaubigt von der Steuerrevision Großherzogtum Sachsen. Katasterbereich Gotha, Urkarte KB 53,Gemeinde Stadt Eisenach, Gemarkung-Nr. 1876, Stedtfeld, Flur-Nr. 999. © GDI-Th.

Hörselmühle Stedtfeld auf einem US-Spionagebild vom 31.3.1945 mit Bildflug-Nr. 1945133 und Bild-Nr. 3323. © GDI-Th.

Die Stedtfelder Mühle von der Südseite.
Sammlung Otto Münch, Ortschronist Stedtfeld

Blick aus südöstlicher Richtung zur Stedtfelder Mühle. Das vordere Gebäude ist inzwischen abgegrissen.[1]

Blick von Westen auf die Stedtfelder Mühle.
Sammlung Otto Münch, Ortschronist Stedtfeld.[1]

1850 verkaufte die Familie v. Boyneburgk die Mühle an den Eisenacher Bäckermeister Christian Harseim.
Dieser wurde 1861 zu einer Strafe von 3 Talern verurteilt, weil er Mehl ohne den seit 1858 obligatorischen Lieferschein in Eisenach ausgeliefert hatte.
Im Jahr 1905 beantragte der schweizerische Mühlenbaumeister und -besitzer Oswald Kamm, den einst die Liebe nach Stedtfeld verschlagen hatte, eine Genehmigung zur Änderung seiner Wasserkraftanlage. Diese Änderung, der Einbau einer Turbine, wurde realisiert, denn das Turbinenhaus wurde erst während der DDR-Zeit abgebrochen.

Neben der Hörselmühle besaß Stedtfeld auch eine Kalkmühle im ehemaligen Bergbaugebiet südlich des Ortes, wo ein Hüttenteich für genügend Aufschlagwasser zum Betreiben der technischen Einrichtungen sorgte. Das Gelände heißt heute noch „An der Kalkmühle"; auch ein Mahlstein ist dort noch vorhanden.
Im Dorf Stedtfeld bestand auf dem Lindenrain 12, dem Hessenhof, noch eine dritte, eine Sandmühle, die zur Herstellung von Stuben- und Scheuersand in passenden Korngrößen diente. Ein großer Mühlstein aus Buntsandstein mahlte die auf den Mahlgang gestreuten Sandbrocken. Der Mühlstein befindet sich noch vor dem Brunnen auf dem unteren Gutshof.
Eine weitere Mühle befand sich zwischen Stedtfeld und Hörschel nahe der ehemaligen Hörselbrücke am „Lindensteg". Sie war eine Kalkmühle; der Rohstoff wurde in unmittelbarer Nähe abgebaut. Der Kalksteinbruch ist noch heute erkennbar. Die Überlieferung hatte ihr den Namen „Lenn-Mühle" verliehen. Ich nehme an, dass es durch Verlesen zu diesem kam und halte „Leh[e]n-Mühle" für wahrscheinlicher, allein wegen der verschiedenen Stedtfelder Grundeigentümer, die mit Sicherheit einige Lehen ausgegeben hatten. Der von dort stammende Mühlstein lag viele Jahre in einer Scheune der Stedtfelder Wittigstraße und ist heute vor einem Haus als Baumeinfassung zu sehen. Wie lange diese Mühle in Gebrauch war, konnte nicht ermittelt werden.
Wie sich der Einbau einer einfachen Grundschwelle in den Flusslauf der Hörsel zwischen der Flurgrenze Eisenachs zu Stedtfeld auswirken kann, zeigte der Freiherr Alexander von Boyneburgk im Jahr 1905. Er tat dies ohne ein einziges Wasserrad zu errichten, allein um seine Wiesen zu bewässern. Und er verfügte dazu über eine Genehmigung aus dem Jahr 1859. Der Streit füllte eine Akte mit 160 Blatt Papier, brachte verschiedenste Wehrbauten ins Spiel, favorisierte Ausbaggerungen und die Beseitigung einer Insel und wurde 1925 durch die Tieferlegung besagter Grundschwelle um 10 cm beigelegt.

Blick auf die Stedtfelder Mühle von Osten. Das Gebäude im Vordergrund, dessen Giebelwand zum Betrachter zeigt, fehlt leider heute. Es hatte zum ältesten Bestand gezählt. Sammlung Otto Münch

Stedtfelder Mühlen

Fotos, Montage und Sammlung Otto Münch, Ortschronist Stedtfeld

Die „Alte Mühle" in Stockhausen

Der strenge Winter hatte im Jahr 1407 viele Flüsse zufrieren lassen. Da dadurch die Mühlen nicht mahlen konnten, kam es zu verstärkter Nachfrage nach Mehl, das im Nessetal durch Mühlen an der eisfreien Nesse gemahlen werden konnte. Selbst aus dem Eichsfeld und der Kölner Gegend kamen Getreidehändler, um sich hier ihr Getreide mahlen zu lassen.

1491 wurden durch Graf Wilhelm von Henneberg Rechte und Lehen zu Stockhausen bestätigt, darunter auch für eine Mühle.[107] Wir wissen allerdings nicht, ob die genannte Mühle ein Vorläufer der „Alten Mühle" war.

1576 kam es zwischen dem Amt Herda und der Stadt Eisenach zu einem Streit um die Fischereirechte in der Nesse, die dem Stockhäuser Müller von Curd von Herda verlehnt worden waren.

1662 wurde Hans Zellmann als Herdaischer Schultheiß und Müller in Stockhausen genannt. Er verstarb 1672.

1674 wurde der Mühlmeister Valtin [Valentin] Gesell Herdaischer Schultheiß.

Aufgenommen von Franz de Wette am 1828, als Dorfplan von Stockhausen im Oberamte Eisenach mit Ergänzungen bis 1885. Plan vom 12. März 1829, ergänzt 4. Januar 1842 Katasterbereich Gotha, Urkarte KB 53, Stadt Eisenach Gemarkung-Nr. 1877, Stockhausen, Flur-Nr.001.© GDI-Th.

[107] Archivportal Thüringen. Hennebergica Gotha/Akten. Archivalien-Signatur 230

Er hatte im gleichen Jahr die Witwe des Hans Zellmann geheiratet. Die Mühle betrieb er bis zu seinem Tod im Jahr 1690, dem er 45jährig erlag.
1698 heiratete die verwitwete Müllerin Gesell, verwitwete Zellmann, geb. Grumbein, ein drittes Mal. Diesmal traf es den Schulmeister Johann Engelhardt. Aus der ersten Ehe der Zellmanns war Hans Wendel entsprungen, der nun die Mühle betrieb. Er starb im Alter von 34 Jahren im Jahr 1704.
Seine Witwe Margarete nahm sich 1705 Hans Heinrich Walther aus Creuzburg zum Mann.
Aus dem Jahr 1756 ist uns ein Mahlknecht namens Johann Georg Hahn überliefert.
1794 starb der Mühlmeister Paul Kehr, der aus Eisenach zugewandert war und die Mühle betrieben hatte.
Aus dem Jahr 1815 erhalten wir Kenntnis von Johann Friedrich Harseim, der die niedergegangene Mühle neu aufbaute, die nun lange Zeit im Besitz seiner Familie verblieb.
Bei der Kontrolle der Stockhäuser Mühle im Jahr 1859 wurden dem Müller Justinus Harseim die folgenden Vergehen vorgeworfen und bestraft:
- Die Säcke des Mahlguts waren nicht nummeriert.
- Das Mahlbuch wurde nicht vorschriftsmäßig geführt.
- Es wurden keine Lieferscheine ausgestellt.

Die fällige Geldstrafe betrug 8 Taler.
Im Mai 1866 wurde die Müllers-Witwe Friederike Harseim mit einer Geldstrafe von 5 Talern belegt, weil sie einen Mahlburschen sechs Wochen in Arbeit hatte, ohne ihn beim Gemeindevorstand anzumelden.
Im Jahr 1880 finden wir wieder ein Mitglied der Familie Harseim in der Stockhäuser Mühle. Valentin Harseim II. wurde zu einer Geldstrafe von einer Mark verurteilt, weil er das Wehr unerlaubt gezogen hatte.
1909 kaufte Färbereibesitzer Hermann Kohlrausch aus Eisenach von Valentin Harseim die Stockhäuser Mühle und baute diese zu einem Landhaus um. Er ließ auch das Elektrizitätswerk erbauen. 1910 begann das Werk Strom für die Bevölkerung zu liefern und tat dies bis 1963. Dann wurde es stillgelegt; Rentabilitätsgründe sollen der Grund dafür gewesen sein. Wahrscheinlich jedoch dürften fehlende Ersatzteile für die Turbine den Weiterbetrieb verhindert haben. Nach der Wende 1990 übernahm die Firma Kausch-Batterie-Service das Elektrizitätswerk im Wolfstal von Stockhausen als Firmensitz.
1927 ließ sich Dr. Bergmann als Arzt in der ehemaligen „alten Mühle“ nieder. Er war der Schwiegersohn Kohlrauschs. Im März 1947 entstand durch rasch einsetzende Schneeschmelze eine schwere Überschwemmung, die das Nessetal bis nach Eisenach überflutete.
1960 ging das Grundstück der Familie Bergmann in den Besitz des Kreisbaubetriebes Gotha über, die dort ein Betriebsferienlager für 65 Kinder einrichtete.

Stockhausen mit der „Alte Mühle" auf einem US-Spionagebild vom 22.3.1945 mit Bildflug-Nr. 1945110 und Bild-Nr. 2094. © GDI-Th.

Überschwemmung der Nesse an der „Alten Mühle“ in Stockhausen. Foto: Bernd Stichling

Die „Alte Mühle“ in Stockhausen 1996. Foto: Bernd Stichling

Werramühle in Wartha. Wir sehen vor der Mühle das Flussbad. Im Geschoss darüber war eine Terrasse für die Bewirtschaftung eingerichtet; wir würden sie heute neuhochdeutsch „VIP-Lounge" nennen. Sammlung Manfred Kaiser, Ortschronist Hörschel

Im Jahr 1961 wurden in der alten Mühle Lkw-Fahrer untergebracht und verpflegt, die beim Bau der Bahnstrecke Förtha – Gerstungen [Bahn-Trasse] beschäftigt waren.
Bei der Begradigung der Nesse im Jahr 1964 in der Ortslage wurde der Mühlgraben zugeschüttet. Das frühere Grundstück der Familie Kohlrausch mit der Mühle, zuletzt Betriebsferienlager des Kreisbaubetriebes Gotha, ging in den Besitz des VEB Fahrzeugelektrik Ruhla [FER] über. 1965 wurde die alte Mühle zu einem Kindergarten umgebaut.
Ein schwerer Wolkenbruch führte in der Nacht des 23. Mai 1973 zur Überschwemmung Stockhausens. Dabei wurde auch die alte Mühle in Mitleidenschaft gezogen, ebenso wie bei dem Frühjahrshochwasser im Jahr 1994.
1998 wurde die Einrichtung vom THEPRA Landesverband Thüringen übernommen, der das Gebäude sanieren und erweitern wollte. Doch noch einmal wechselte der Eigentümer vor dem endgültigen Abriss des Gebäudes. Der Diakonie-Verbund Eisenach übernahm das Grundstück mit der Mühle, um es für den Neubau eines Wohnheimes zu opfern.

Eine Mühle in Stregda?

1715 sollte in Stregda „im Eisenacher Feld" eine Windmühle gebaut werden, was aber nicht umgesetzt wurde. Mit dem Bau wollte man Ersatz für die in kalten Wintern eingefrorenen Mühlen der Umgebung schaffen. Eine Wassermühle wird es in Stregda wohl nicht gegeben haben, denn der Läusegraben, der nordöstlich des Ortes einen kleinen Teich füllt, ist für den Antrieb eines Mühlentriebwerks nicht ergiebig genug.

Werramühle Wartha

Rar sind die Nachrichten über die Warthaer Werramühle gesät. Wir wissen lediglich, dass ein Kaspar Salman im Jahr 1703 eine Mühle und ein Haus in der Spirau verkaufte. Das Vorwerk war nach Wartha eingepfarrt. Ob die dort befindliche Mühle die Vorgängerin der Warthaer Werramühle war; wir wissen es nicht. Im Jahr 1763 war die Mühle im Besitz der Familie von Riedesel. Belegt sind in diesem Jahr Fouragelieferungen des Müllers der Riedesel'schen Mühle in Wartha[108].

Eine Wehrerneuerung fand 1826 statt.

1902 finden wir die Mahl- und Schneidemühle in den Händen des Freiherrn Georg von Rotenhan auf Schloss Neuenhof. Ob dieser sie selbst 1914 wieder verkaufte oder seine Familie die Mühle wegen des Todesfalls Georgs von Rotenhan in andere Hände gab, muss zur Zeit noch Spekulation bleiben. Während der Zeit des 1. Weltkrieges wird sich nichts Entscheidendes zugetragen haben,

Besonders beliebt war beim Publikum der Aufenthalt auf dem Warthaer Wehr, wo man sich im Rudel vom Werrawasser umspülen ließ. Hier eine Ansichtskarte. Sammlung Manfred Kaiser, Ortschronist Hörschel

[108] LATh - HStA Weimar, Eisenacher Archiv, Militär- und Kriegssachen Nr. 3223

jedoch führte der neue Eigentümer Hermann Kohlrausch aus Eisenach 1922 einen Umbau der Werra-Sägemühle durch. Wie in Stockhausen und Hörschel plante er auch in Wartha den Bau eines Elektrizitätswerkes. Warum es nicht dazu kam, konnte bisher nicht ergründet werden.
Es entstand aber in dieser Zeit an der Werramühle ein Flussbad, das über Umkleidekabinen und eine Bewirtschaftung verfügte. Ganze Scharen von Besuchern suchten in den Sommermonaten das Warthaer Werra-Bad heim, unter ihnen nicht wenige Eisenacher, denn die Eisenbahn ermöglichte einen schnellen An- und Abtransport der Badegäste. Wenn am Abend die Warthaer Badbesucher aus dem Werratal verschwunden waren, kehrte wieder Ruhe ein und es konnte ein solch stimmungsvolles Foto wie das des Fotografen Hugo Richardt entstehen, das dieser 1939 unterhalb des Werrawehres aufnahm.
Als der 2. Weltkrieg ausgebrochen war, erlahmte das Interesse der Kohlrauschs an der Immobilie, die sie 1939 der Firma Guthke, einem Lastfuhrunternehmen mit angeschlossenem Omnibusbetrieb, verkaufte. Guthke wanderte jedoch 1947 in Richtung Westen ab und überließ die Werramühle ihrem Schicksal.

Die Mühle war auch beliebter Aufenthaltsort des Sohnes der Besitzerfamilie, des bekannten Eisenacher Rennfahrers Robert (Bobby) Kohlrausch, der ihr den Namen „Bobby's Heim" gab, wie auf dieser Postkarte zu lesen ist.
Sammlung Manfred Kaiser, Ortschronist Hörschel

Aus der Tätigkeit der amtlichen Kontrollorgane und Gerichte

1842–1861. [A] Akten der Großherzoglichen Stadtpolizei-Kommission zu Eisenach betreffend die Revision der Mühlen in der Stadt Eisenach.[109]

Zunächst stellte die Großherzogliche Landes-Direktion fest, dass es zwar seit 1758 einen Entwurf zu einer Mühlen- und Mahlordnung gegeben habe, dessen Fertigstellung aber aus dem Auge verloren wurde. Nun, über 40 Jahre später, wisse man nicht, ob dort fixierte Kriterien bei heutigen Visitationen überhaupt noch anwendbar und zweckmäßig seien.

Um nun Visitationen in den Mühlen durchführen zu können, wurde nach geeignetem Personal gesucht, wozu einige Vorschläge unterbreitet wurden.

Unterdessen war eine „Instruktion zur Mühlenvisitation“ entstanden, die 32 Prüfungskriterien enthielt und zudem die Visitationskosten und Strafen festlegte.

Die eine Visitation ausführenden Personen sollten jährlich zweimal unvermutet und zu keiner bestimmten Zeit in den Mühlen auftauchen und dort auf folgende Kriterien achten:

1) ob mit den Mühlnachbarn oder Grundstücksbesitzern Streitigkeiten auftraten

2) ob die Pachtmüller übertriebene Pachtforderungen zu befriedigen hätten und wie hoch die Pacht in den letzten 10 Jahren gestiegen sei

3) ob die Müller und Mahlknechte das Mühl- und Mahlwerk verstehen

4) ob die Müller und Mahlknechte vereidet sind

5) ob die Mühle mit tüchtigem Flutbett, Gerinne und Weifell [kommt von Weifen und ist nur in der Garnverarbeitung gebräuchlich] versehen und die Räder völlig geschaufelt und alle Fache aufzuziehen sind

6) ob die Wehr- und Fachbäume unterkeilt, etwas darauf genagelt ist oder die Bretter und Gemäuer erhöht sind

7) ob der Mühlgraben gefegt oder verengt und verwachsen ist

8) ob die Mühle gegen Wind und Wetter an Wänden, Türen und Fenstern verwehrt, nicht über Ritzen, Klüfte und Behälter zum Verstäuben, heimlichen Hineinschmeißen des Getreides, Schrotes oder Mehls vorhanden sind

9) ob sie bei der darauf gestellten Klingel des Knechts den Kumpf[110] ausheben und das noch in dem Schuh befindliche Getreide oder Schrot, anstatt es vorwärts in den Stein zu streichen, rückwärts nach den großen Ritzen werfen und es da hineinkehren.

---

[109] StAE 10 C.XIX.W.14

[110] Kumpf (von germanisch *kump- oder *kumb- „Gefäß, Maßgefäß“ bezeichnet verschiedene alt- und mittelhochdeutsche Raummaße. Er entsprach regional unterschiedlich zwischen 6,8 und 10 Liter. Der Kumpf als kleineres Maß leitete sich vom Malter ab. So galt für das sogenannte Frucht- und Getreidemaß 1 Malter = 4 Simmer = 16 Kumpf = 64 Gescheid = 256 Mäschen = 64 Liter

10) ob die Mühle mit Spinnweben behängt ist
11) ob es allenthalben sauber und rein, hinter und vor dem Kasten, auch in der Kammrads-Grube gedielt oder geplattet ist, das Kerbgerüst gut und fest, zwischen dem Eisen und Mehlkasten nicht rieselt, der Mehlkasten zwar mit nötigen Luftlöchern oder zwei Zoll hoher Öffnung, Schieber und ganzem Vorhangtuch versehen, sonst aber weder durchlöchert und geritzt noch mit Werg verstopft, am allerwenigsten aber, hinter und unter dem Mehlkasten betrügliche große Räder und andere Löcher sind, dass der Müller unter dem Vorhang hineingreifen und mit dem Schöpfbrett ein oder manchmal Mehl hinaus nach der Radstube schmeißen kann
12) ob doppelte Böden im Mehlkasten zur Auffangung des stäubenden Mehls oder sonst Behälter verborgen sind
13) ob tüchtige zarte Mehlbeutel vorhanden, oder solche zerrissen, geflickt und untauglich sind
14) ob die Mühlsteine wagerecht wohl aufeinander gerichtet, der Bodenstein 3 Zoll, der Laufer aber bis 12 Zoll hoch, auch letzterer nicht zu weichsandig und zu leicht ist
15) ob die Zarche oder Lauf und der Deckel nicht zu weit, sondern oben nur 4 bis 5 Zoll hoch und auf den Seiten nur 2 Zoll gleicher Weite nicht enger und nach dem Schärfen nicht mit des Müllers eigener Kleie und Staubmehl, nicht aber mit dem Mehl, Schrot, Kleie der Gäste gefüllt, oder solches unter das des Müllers gemischt wird, oder ob sie mit leichtem Gerstenspelz, Gerstenspreu oder ausgeklengten Knotten gefüllt und von da durch des Müllers Klopfen an der Zarche darunter gerüttelt oder gar ein Zapfenloch zwischen dem Bodenstein und der Zarche zum Abrieseln in die Kammradsstube vorhanden ist
16) ob die Kammradsstube zugebaut oder verdunkelt, dass man nicht hineinsehen kann, ob Schrot, Mehl und dergleichen drinnen liege
17) ob das Wellen- oder Mehlloch und der Mahlbaum nicht zu groß und unrichtig und zu Herauswerfung des Mehls in die Radstube betrüglich eingerichtet
18) ob hinten am Mehlkasten und an der Beutelzunge mit einem Brett alles wohl verwahrt
19) ob neben dem Metzkasten auch ein Futterkasten in der Mühle steht und was sich darin befindet
20) ob der Knecht Schrot und Mehl unter dem Futter habe, außer dem Schärf- und Staubmehl
21) ob die Magd in dem Kühsaufen Schrot oder Mehl habe
22) ob richtig gebranntes und ganzes Gemäs und Streichbrett vorhanden oder etwa zweierlei
23) ob die Siebe ganz oder zu sehr geflickt
24) ob Schweine oder Federvieh in der Mühle herumlaufe oder dieses über Tür und Löcher hineinfliegen könne, auch dessen über die gesetzte Zahl vorhanden

25) ob andere Mängel in der Mühle und am Wasserwerk sich befinden
26) ob das Loch im Brette, wodurch das Wasser in die Stadt läuft, nebst dem Brett noch richtig oder ersteres etwa verstopft
An den Schlaggängen
27) ob der Schlaggang am Wasserwerk, Stampfen, Gruben, Stöcken und deren Wölbungen in gutem Stande sind
28) ob die Öllade Risse oder heimliche Löcher und Röhren habe, wodurch das Öl unbemerkt und den Gästen zum Schaden ablaufen könne
29) ob die Presse und deren Trieb- und Schleifkeile, Kreuznapf und Kerne zum völligen Ölauspressen tüchtig und dauerhaft
30) ob der Schlägel und Zubehör stark und dauerhaft genug auch an einem solchen Ort hänge, wo dessen Gewalt niemand beschäduigen kann#
31) ob die Werkstatt frei und offen, gute Haartücher nebst trockenen und nassen Gemäßen vorhanden
32) ob bei dem Grubenstock alles reinlich sei.

Nota
Was nun in der Zarche, Radstube, verborgenen Behältern, unter dem Pferdefutter oder sonst den Mahlgästen zugehörig oder verdächtig angetroffen wird, soll sogleich eingefasst und mitgenommen, die Gemäße mit anderen nachgetragenen richtig abgerichtet, durch Hirsen, Sämchen, Lein oder Korn probiert und die unrichtigen oder ungezeichneten weggenommen, alles treulich aufgeschrieben und die Bestrafung danach gesetzt werden.

Die Visitationskosten sowie den umfangreichen Katalog der Strafen erspare ich dem Leser, da er ebenso lang wie die Liste der für die Instruktion erstellten Suchkriterien ist.
Bleibt noch zu erwähnen, dass zur Durchführung der Visitationen der Mühlmeister Ulrich Apel aus Gerstungen berufen wurde.
Daran anschließend befindet sich in der Akte ein Doppelblatt, auf dem die Revisionen von fünf Mühlen tabellarisch erfasst wurden. Dass ich sie hier nicht namentlich erwähne liegt daran, dass offensichtlich einige Namen der Müller nicht zu den visitierten Mühlen gehören.
Was allerdings den Antragsteller Georg Petri betrifft, der im Oktober 1846 die Großherzogliche Landesdirektion darum bat, ihm die Aufsicht über das Mühlwesen zu übertragen, kann ich nicht beurteilen. Es war kein Schriftstück vorhanden, das auf die Ausschreibung eines solchen Postens hindeutet. Petri jedenfalls, den ich in dem ehemaligen Mitbesitzer der Herrenmühle, Georg Adam Petri zu sehen glaube, muss hochbetagt gewesen sein, als er das Gesuch schrieb, da seine Tätigkeit in der Herrenmühle über 50 Jahre zurücklag.
An Petris Gesuch schließt sich eine Liste von 13 Punkten an, die für den Betrieb einer Mühle wohl unerlässlich zu sein schienen. Allerdings wurde sie von anderer Hand geschrieben.

Gedruckt im Regierungs-Blatt für das Großherzogtum Sachsen-Weimar-Eisenach erschien am 22. August 1857 eine Getreide-Mahlordnung. Sie enthielt neben dem Gesetzestext Vordrucke, die zur Führung eines Mahlbuches dienen konnten sowie das Schema eines Lieferscheins.
Auch war man sich nun im Stadtrat darüber einig geworden, dass man zur Durchführung der Revisionen Sachverständige benötigte, die man in dem Bäckermeister Gottfried Heß und dem Hofagenten Wilhelm Bohl, Besitzer der Hospitalmühle, gefunden zu haben glaubte.
Zum Auswiegen der Getreide- und Mahlprodukte wurden auch einheitliche Gewichte benötigt, jede Mühle hatte 2 Fünf-Pfund, 4 Zwei-Pfund, 2 Ein-Pfund, 2 Fünfzehn-Lot, 4 Drei-Lot, 2 Ein-Lot und 2 Fünf-Quant-Gewichte anzuschaffen.

Die 1858 durchgeführte Revision von 11 Mühlen ergab:
1. Herrenmühle: Der mittlere Mahlgang ist unbrauchbar, zerbrochene Fenster in der Mühle, wodurch Zugluft entsteht und den Mahlgästen Nachteil bringt; die vorschriftsmäßigen Gewichte fehlten.
2. Spickenmühle: Eine Waage und Gewichte waren noch nicht vorhanden. Die Mühle ging zurzeit nicht, weil sie im Bau begriffen war.
3. Rasenmühle: Die vorschriftsmäßigen Gewichte fehlten.
4. Graue Mühle: Die vorschriftsmäßigen Gewichte waren nicht vollständig.
5. Graue Mühle: Der Mühlenraum hat noch einen zweiten offenstehenden Bodenraum, in welchem sich Getreide befindet, von welchem mit Leichtigkeit Entwendungen vorgenommen werden könnten.
6. Georg Kaisers Mühle: Die Gewichte nicht vollständig.
7. Kleine Nadelmühle: Die neuen Gewichte fehlen.
8. Große Nadelmühle: Die neuen Gewichte nicht vollständig. In dieser Mühle wird jedoch nicht um Lohn gemahlen.
9. Untermühle: Unrat.
10. Pulvermühle: Hatte die gewöhnlichen Zollgewichte in Dezimalgewichte umgewandelt.
11. Neue Mühle: Die Gewichte nicht vollständig.

Am Schlusse wird nun besonders vermerkt, dass sämtliche Müller keine Mahlbücher führten und ebensowenig den Mahlgästen Lieferscheine zukommen ließen.
Alle Müller wurden vorgeladen, ihnen die Mängel der vorausgegangenen Inspektion aufgezeigt und zur Beseitigung aufgefordert.
Auch die im Oktober 1859 durchgeführte Revision brachte keine erfreulicheren Ergebnisse und den Müllern wurden Strafen angedroht. Zumeist scheuten sich die Müller vor der Nummerierung der Säcke, der Ausstellung von Lieferscheinen und der Führung des Mahlbuches.
Nachdem den Müllern am 20. November 1859 die zuerkannten Strafen mitgeteilt worden waren, erklärten sie, dass sie sich den angeforderten Strafen unterwerfen, jedoch bei „Serenissimo“ um Erlass derselben bitten werden und ihnen dazu eine Frist von acht Tagen eingeräumt werden möge. Sie beauftragten den

Eisenacher Rechtsanwalt Schott mit der Erstellung ihres Antrages, den das Großherzogliche Staatsministerium jedoch am 11. Februar 1860 abschlägig beschied und die Begleichung der Geldstrafen bis zum Ende des Monats einforderte.

Bereits im Januar 1860, noch bevor der Antrag der Müller entschieden war, hatte sich die Müllerswitwe Friedrike Kayser zwei Anzeigen eingefangen, da sie keine Lieferscheine ausgestellt hatte, ja nicht einmal welche besaß.

Am 3. März 1860 bat der Herrenmüller Heinrich Kaiser beim Bürgermeister Roese um zweimonatigen Aufschub zur Bezahlung seiner Strafe.

Auch der Müller Adolf Maurer wurde abgestraft, weil er den Bäcker Stegmann in Stregda mit Mehl versorgt hatte, der Mahlknecht aber keinen Lieferschein vorweisen konnte. Ebenso erging es dem Pulvermüller Friedrich Walther, dessen Lieferung an die Witwe Soßdorf in Hötzelsroda lieferscheinlos über die Bühne gehen sollte.

Ein Eisenacher Bürger namens John und von Beruf Chaussee-Geld-Erheber hatte in der Neuen Mühle einen Sack Getreide zum Schroten angeliefert, der ihm bei Abholung zu leicht vorkam und dem kein Lieferschein ausgestellt worden war.

Der Mitbesitzer der Mühle, Bäckermeister Gottfried Heß, und der Chaussee-Geld-Erheber verglichen sich, indem dieser den nächsten Sack Getreide, den er anlieferte, kostenlos geschrotet erhielt. Blieb dem Müller die Strafe von 2 Talern.

Besonders der Gendarm Voigt machte sich beim Anzeigen von Vergehen gegen die Mahl-Ordnung bei der Stadtverwaltung beliebt; auch die Lieferung der Neuen Mühle nach Fischbach, wo verschiedene Kunden bedient worden waren, wurde von Voigt abgefangen und wegen des gleichen Vergehens angezeigt.

Wegen fehlender Nummerierung der Säcke mit Mahlgut wurden die Besitzer der Neuen Mühle, die Bäckermeister Georg und Gotfried Heß, vom Polizei-Sergeanten Freitag bei einer Revision im Dezember 1860 ertappt.

Weil er das Mahlbuch seit dem 18. September nicht mehr geführt hatte obwohl Mahlgut in der Mühle stand, betrug die Weihnachtsüberraschung für den Müller Christian Klemm 2 Taler Strafe; den Strafzettel bekam er aber erst zu Silvester 1860 ausgehändigt.

Die gleiche Strafe traf den Pulvermüller Wilhelm Walther, der sein Mahlbuch vom vom 11. bis zum 20. Dezember 1860 nicht mehr angerührt hatte.

Der Stedtfelder Müller Friedrich Harseim hatte bei seinem Namensvetter und Bäcker am Eisenacher Frauenberg durch seinen Mahlburschen Mehl abladen lassen. Auch dieser konnte keinen Lieferschein vorweisen, wie der Polizei-Sergeant Dübner feststellte, der die fällige Anzeige dem Stadtrat überbrachte.

Es ist erstaunlich, wie wenig sich die Strafen, die seit dem Inkrafttreten der Mühlen- und Mahlordnung verhängt worden waren, auf das Verhalten der

Müller auswirkten. Eine rein oppositionelle Haltung gegen das Gesetz kann es kaum allein gewesen sein, welche die Müller in einem kleinen Städtchen wie Eisenach, wo jede Bewegung der Bürger im Freien sofort registriert wurde und das Vorfahren eines Fuhrwerks bereits ein Ereignis darstellte. Blieb also noch die Hoffnung der Übeltäter, ihre wirkliche Not durch einen geglückten Coup gegen die Obrigkeit zu einem kleinen Zugewinn benutzen zu können, anderenfalls aber ihr Elend noch anwachsen zu sehen.

Es scheint fast so, als sei die letzte Variante die richtige, denn es ist sonst kaum erklärlich, dass beispielsweise der Müller Adolf Maurer bereits im März 1861 wieder einmal auffällig wurde, als er dem Herbergswirt Ernst Först 7 Metzen Mehl ohne Lieferschein auslieferte, was dem Polizei-Sergeanten Dübner auffiel und so aktenkundig wurde.

Es waren aber nicht nur fehlende Lieferscheine und Eintragungen im Mahlbuch, die Anlass zu Klagen gaben. Es war auch die Menge der den Müllern zustehenden Abmetze, die den Stadtrat beschäftigte. Im Frühjahr 1861 lieferte der Schneidermeister Gimm 242 Pfund Weizen beim Müller Andreas Bachmann ab; als er das Mehl abholte, betrug das Gewicht noch 180 Pfund ohne den obligatorischen Lieferschein. Die Kontrolle in der Mühle ergab, dass der Vorgang nicht im Mahlbuch vermerkt war. Der Müller hatte sich zudem 40 Pfund Mehl unrechtmäßig angeeignet.

Ohne Lieferschein wurden auch beliefert:
Bäckermeister Schmidt vom Mühlenbesitzer Andreas Bachmann
Schuhmachermeister Ruhwedel vom Mühlenbesitzer Lehmicke
Mehrere Bürger vom Mühlenbesitzer Friedrich Walther
Gerbermeister Caspar Fiesinger vom Mühlenbesitzer Friedrich Walther
Ökonom David Kehr vom Mühlenbesitzer Herbst
Weinkellerwirt Kümmel vom Mühlenbesitzer Friedrich Walther
Schuhmachermeister Moskau vom Mühlenbesitzer Herbst
im Zeitraum eines halben Jahres.

1852. [A] Anzeige des Porteurs Johannes Krauß gegen den Müller Friedrich Walther wegen ungesetzlicher Abmetze.[111]

In der Verhandlung erklärte sich der Müller bereit, die Angelegenheit in Güte regeln zu wollen und sagte dem Kläger eine Metze Frucht als Entschädigung zu.

1861. [A] Die Klage des Tagelöhners Wilhelm Rudloff gegen den Bäckermeister Carl Erzberger und den Mühlenbesitzer Simon Herbst wegen der Lieferung schlittigen Brotes wurde abgewiesen;[112]

Beide Beschuldigten wiesen alle Anschuldigungen zurück. Dem Kläger wurden die beanstandeten Brote zurückgegeben.

---

[111] StAE 10 C.XIX.W.18, f. 24

[112] StAE 10 C.XIX.W.18, f. 27

Erläuterungen:

Abmetze = auch Mahlmetze, das ist diejenige Menge Getreides, welche der Müller als seine Gebühr von jedem Schäffel zu nehmen befugt ist.

Fachbaum = Balken an einer Wasser-Mühle oder an einem Wehr, welcher das Wasser vor dem Gerinne in der vorgeschriebenen Höhe erhält, vermutlich, weil er gleichsam ein Fach, d. i. eine Abteilung in dem Wasser bildet. Er wird auch Grundbaum, Mahlbaum, Spundbaum genannt. Die häufigsten Streitigkeiten entstehen zwischen den Mühlen, welche nach einander an einem Flusse gelegen sind, entweder wegen Haltung des Wassers, da der eine das Wasser zu lange oder zu hoch aufhält, oder wegen Erhöhung des Fachbaumes. Eigentlich muss der Fachbaum über den Mahlpfahl 1 Zoll erhöht sein. Die Müller nennen dieses den Zehrzoll, weil er um so viel nach und nach vom Wasser abgezehrt wird.

Freigerinne = Hier wird das überschüssige Wasser einer Wassermühle abgeleitet.

Gemäß = Gefäß [das eine bestimmte Menge fasst], Maß

Metze = Maß für trockene Dinge. In Preußen war die M. = 1/16 Scheffel = 3,4351 Liter; in Sachsen = 1/16 Dresdener Scheffel = 6,499 L.; in Braunschweig der vierte Teil eines Vierfasses oder 1/16 Himten = 1,9465 L.; in Gotha = 1/16 Malter = 10,9154 L.; in Kurhessen = 1/16 Viertel oder 10,046 L.

Metzkasten = derjenige Kasten, in den der Müller seine Mahlmetzen schüttet und verwahrt

Mühlgrabenfege = Reinigen eines Mühlgrabens von Schlamm, Kies und anderen Verunreinigungen, die dessen Abfluss behindern.

Plansichter = Sichter zur Trennung der Kornbestandteile, die nach der Mahlung auf dem Walzenstuhl in einer Mühle anfallen.

Schaufelschlag = auf dem Lande vieler Gegenden. 1. Das Recht, einen Graben oder Fluss zu reinigen oder zu räumen, weil man dazu Schaufeln benutzt; Den Schaufelschlag haben, dieses Recht. 2. Das Gebiet, die Gegend, wo Jemand dieses Recht hat. Auf der Gemeine Schaufelschlag. 3. Der mit der Schaufel auf solche Art aus einem Graben oder Flusse geworfene Schlamm, und der Bezirk, welchen derselbe einnimmt. Die Bäume stehen auf dem Schaufelschlage des Baches. Wenn der Graben breit ist, so gehören wohl 16 Fuß zum Schaufelschlage.

Sicherpfahl = auch als Malpfahl, Eichpfahl, Wagpfahl, Währpfahl oder Markeur bezeichnet, war ein am Mühlbach eingeschlagener Pfahl, mit dem sich die genehmigte Stauhöhe des Mühlwassers im Mühlweiher oder Mühlgraben kontrollieren ließ. Er zeigte mit dem Wasserstand auch die Höhe des Mahl- oder Fachbaums am Mühlenwehr an. Mühlpfähle bestanden meistens aus Eiche und waren oft zum Schutz vor Durchnässung mit Blech bedeckt. Das Setzen eines Mühlpfahls sollte sicherstellen, dass ein Müller das Wasser nicht höher aufstaute als ihm zustand. Dies war ein Amtsakt, bei dem Vertreter der Obrigkeit zugegen waren.

Zehrzoll = siehe Fachbaum

Eisenacher Mühlen 1896–1950 in Adressbüchern

Adressbuch Eisenach 1896

Mühlen.

Berlet, Anton, (Neue Mühle), Mahlmühle.
Bohlig & Roth, (Schwerspath-mühle), Bahnhofstr. 52.
Fröhlig, Gebr., (Burgmühle), Mahlmühle, (Pächter: Osk. Dobschall), Wörthstraße 12.
Harseim, Adolf, (Spickenmühle), Schneidemühle, Casselerstr. 15.
Kayser, Gebr., (graue Mühle), Mahlmühle, Fischerstadt 5.
Klemm, Max, (Rasenmühle), Schneidemühle, Casselerstr. 13.
Köchert & Co., (Walkmühle), Lohmühlenweg 4.
Leukert, Friedrich, (Schneidemühle), Kupferhammer 25.
Lohgerber-Zunft, (Lohmühle), Werkmeister: Wilh. Friedrich, Lohmühlenweg 6.
Maurer, Heinrich, (kleine Nadel-mühle), Oelmühle, Fischerstadt 3.
Maurer, Adolf, (grüne Mühle), Mahlmühle, Am Hospital St. Anna 6.
Reinemann, Georg, (große Nadel-mühle), Mahlmühle, Schulpl. 3.
Schellhaase, Wilhelm, (Pächter der Herrenmühle), Mahlmühle, Am Kupferhammer 25.
Voigt, Johann, (Untermühle), Mahl- und Senfmühle, Bahnhofstraße 21.
Wölker & Girbardt, (Nessemühle), Mahl- und Walkmühle.

Adressbuch Eisenach 1929

Mühlen.

Grünbaum & Kleemann (Walkmühle), Lohmühlenweg 4.
Harseim, Adolf, Kasseler Straße 59.
Klemm, Max, Schneidemühle, Westplatz 4. (Rasenmühle.)
Maurer, H. A., Oelmühle, Fischerstadt 2. (Nadelmühle.)

Adressbuch Eisenach 1929

Maurer, Karl, Mahlmühle, Am Hospital St. Anna 6. (Grüne Mühle.)
Wagner, Emil & Sohn, Mahlmühle (Neue Mühle).
Wilhelm, Arno, Handelsmühle (Nesse-Mühle).
Völker, Hermann, Herrenmühle (Schneide-mühle), Herrenmühlstraße 27

Mühlenbau.

Rupprecht, Ernst, Rennbahn 47.

Mühlenfabrikate-Handlungen.

Bierschenk, Otto, Bahnhofstraße 1.

Adressbuch Eisenach 1936/1937

Mühlen

Harseim, Berta, Kasseler Straße 59.
Klemm, Hedwig, Schneidemühle, Westpl. 4. (Rasenmühle.)
Maurer, Karl, Mahlmühle, Am Hospital St. Anna 6. (Grüne Mühle.)
Natz, Walter, Oelmühle, Fischerstadt 2 (Nadelmühle.)
Wagner, Emil & Sohn, Mahlmühle. (Neue Mühle.)
Wilhelm, Arno, Handelsmühle. (Nessemühle.)
Völker, Hermann, Herrenmühle (Schneide-mühle), Herrenmühlenstraße 27.

Mühlenfabrikate-Handlungen

Bierschenk, Otto, Emilienstraße 2.

Adressbuch Eisenach 1943

Mühlen

Maurer, I. A., Grüne Mühle, Am Hospital St. Anna 5/6 ☏ 2639
Wagner, Emil, u. Sohn, Inh. Otto Wagner, Neue Mühle ☏ 2044
Wilhelm, Arno, Langensalzaer Straße (Nessemühle)

Ölmühlen

Maurer, H. A., Fischerstadt 2-4 ☏ 2141

Adressbuch Eisenach 1950

Mühlenbetriebe

I. A. Maurer, Grüne Mühle, Eisenach, Am Hospital St. Anna 4-6, Ruf 2639
Oelmühle, Fischerstadt 2-4
Wagner & Sohn, Neue Mühle 1
Wilhelm, Dr. Peter, Nesse-Mühle

Literatur

Arnim, Ludwig Achim von und Clemens Brentano: Des Knaben Wunderhorn. Alte deutsche Lieder. Mohr und Zimmer, Heidelberg, 1808.

Bergmann, Gerd: Ältere Geschichte Eisenachs. Eisenacher Geschichtsverein e. V., Eisenach, 1994.

Busch, Wilhelm: Max und Moritz, eine Bubengeschichte in 7 Streichen. Braun und Schneider, München 1865

Dobenecker, Otto: Regesta diplomatica necnon epistolaria historiae Thuringiae, Jena, 1896–1939.

Grimm, Jacob: Deutsche Mythologie. Akademische Druck- und Verlagsanstalt, Graz, 1968

Grimm, Jacob u. Wilhelm: Kinder- und Haus-Märchen, Georg Andreas Reimer, Berlin, 1813.

Heimatblätter ’93 des Eisenacher Landes. EP-Report 4. Hsg. Paul-Josef Raue, Redaktion Karlheinz Büttner. Eisenacher Presse, 1994.

Helmbold, Hermann: Die Türkensteuer von 1542 in Eisenach. In: Mitteilungen des Eisenacher Geschichtsvereins, 5. Heft, 1933, S. 35–41.

Krünitz, J. G.: Oekonomische Encyklopädie oder allgemeines System der Staats-, Stadt-, Haus- und Landwirthschaft. Berlin, bei Joachim Pauli, 1773–1858.

Leischner, Kurt: Neuenhof an der Werra und seine Geschichte. Neuenhof, 2016.

Mager, Johannes: Mühlenflügel und Wasserrad. VEB Fachbuchverlag Leipzig, 1987.

Möller, Armin: Illustrierter Führer durch die vorgeschichtliche Abteilung. Verlag des Städtischen Museums Weimar, 1912.

Peter, Hugo: Die Kammgarnspinnerei Eisenach GmbH in ihrer Entwicklung bis zum Jahr 1923. Eckert & Pflug, Kunstanstalt Leipzig, 1924.

Rollberg, Fritz: Mit Gunst! Geschichte eines ehrbaren Handwerks in Stadt und Land Eisenach. Kaltennordheim, o. J.

Sachs, Hans: Eygentliche Beschreibung aller Stände auff Erden, hoher und nidriger, geistlicher und weltlicher, aller Künsten, Handwercken und Händeln. ... Durch d. weitberümpten Hans Sachsen gantz fleissig beschrieben und in teutsche Reimen gefasset. Frankfurt am Mayn: Feyerabend, 1568.

Stichling, Bernd: Geschichte und Begebenheiten des Ortes Stockhausen, Ortschaftsrat Stockhausen, o. J.

Storch, Johann Wilhelm: Topographisch-historische Beschreibung der Stadt Eisenach so wie der sie umgebenden Berge und Lustschlösser, insbesondere der Wartburg und Wilhelmsthal nebst Regenten-Geschichte. Johann Friedrich Bärecke, Eisenach, 1837.

Wangenheim, Friedrich Hermann Albert v.: Beiträge zu einer Familien-Geschichte der Freiherren von Wangenheim beider Stämme, Wangenheim und Winterstein ..., Huth, Göttingen, 1874.